Hans Schäfer

Astronomische Probleme und ihre physikalischen Grundlagen

Eine Auswahl für Unterricht und Selbststudium

Mit 53 Bildern, 47 Tabellen und
79 Aufgaben mit Lösungen

Vieweg

CIP-Kurztitelaufnahme der Deutschen Bibliothek

Schäfer, Hans:
Astronomische Probleme und ihre physikalischen Grundlagen: e. Ausw. für Unterricht u. Selbststudium. – 1. Aufl. – Braunschweig: Vieweg 1978.
ISBN 3-528-08407-3

Verlagsredaktion: *Alfred Schubert*

1978

Satz: Vieweg, Braunschweig
Druck: E. Hunold, Braunschweig
Buchbinder: W. Langelüddecke, Braunschweig
Printed in Germany

ISBN 3 528 0**8407** 3

Vorwort

Dieses Buch ist aus dem Wunsch entstanden, der Astronomie einen stärkeren Eingang in den Unterricht zu verschaffen und allen Interessenten einen leichteren Zugang zu astronomischen Problemen. Auch ohne Studium der Astronomie oder astronomischer Literatur ist es möglich, sich mit astronomischen Problemen zu beschäftigen, wenn die physikalischen Kenntnisse vorhanden sind. Das Buch kann nicht nur in Schulen oder anderen Gemeinschaften, wie z. B. Arbeitskreisen in Volkssternwarten, sondern auch zur Eigenbeschäftigung benutzt werden. Ich hoffe, daß es viele zum vertieften Studium der Astronomie anregt. Bei den besprochenen Problemen handelt es sich natürlich um eine sehr enge und dazu noch subjektive Auswahl. Für Anregungen und Verbesserungsvorschläge bin ich sehr dankbar.

Dem Verlag danke ich für die ausgezeichnete Zusammenarbeit.

Remscheid Mai 1978

Hans Schäfer

Inhaltsverzeichnis

Einleitung . . . 1

1 Kepler-Gesetze und Gravitationsgesetz . . . 4

1.1 Notwendige Kenntnisse aus der Physik . . . 4
1.1.1 Zentrifugalkraft . . . 4
1.1.2 Kepler-Gesetze . . . 4
1.1.3 Gravitationsgesetz . . . 4

1.2 Astronomische Probleme . . . 4
1.2.1 Einige Betrachtungen zur Bewegung unseres Mondes. Siderische und synodische Umlaufszeit und die beiden ersten Kepler-Gesetze . . . 4
1.2.2 Die Bahnen der Planeten . . . 8
1.2.3 Zum 3. Kepler-Gesetz; das Gravitationsgesetz; Bestimmung von Entfernungen und Massen im Planetensystem . . . 14
1.2.4 Störungsrechnung . . . 21
1.2.5 Gezeiten . . . 24
1.2.6 Die Ringe des Saturns . . . 31
1.2.7 Doppelsterne – Massenbestimmung von Sternen . . . 38
1.2.8 Die Masse der Milchstraße (Galaxis) . . . 41
1.2.9 Die Dichte einiger Himmelskörper . . . 42

2 Potentielle Energie und Drehimpuls . . . 46

2.1 Notwendige Kenntnisse aus der Physik; Übersicht . . . 46
2.1.1 Potentielle Energie im Gravitationsfeld . . . 46
2.1.2 Drehimpuls, Drehmoment und Trägheitsmoment . . . 48

2.2 Astronomische Probleme . . . 49
2.2.1 Virialsatz, Kreisbahngeschwindigkeit und parabolische Geschwindigkeit . . . 49
2.2.2 Gravitationsenergie einer Gaskugel; Kontraktion der Sonne; Helmholtz-Kelvinsche Zeitskala . . . 51
2.2.3 Die Verteilung des Drehimpulses im Planetensystem . . . 54
2.2.4 Die Erhaltung des Drehimpulses und das zweite Kepler-Gesetz . . . 57
2.2.5 Das System Erde-Mond und die Erhaltung des Drehimpulses . . . 59

3 Allgemeine Gasgleichung, Kinetische Gastheorie, Strahlungsgesetze . . . 63

3.1 Notwendige Kenntnisse aus der Physik . . . 63
3.1.1 Allgemeine Gasgleichung und kinetische Gastheorie . . . 63
3.1.2 Strahlungsgesetze . . . 63

3.2 Astronomische Probleme . . . 64
3.2.1 Temperatur und Leuchtkraft der Sonne und der Sterne . . . 64
3.2.2 Leuchtkraft der Sterne; scheinbare und absolute Helligkeit . . . 67
3.2.3 Farbindizes . . . 71
3.2.4 Das Hertzsprung-Russel- und das Farben-Helligkeitsdiagramm; das Zustandsdiagramm . . . 73
3.2.5 Temperaturen von Planeten und Monden . . . 80
3.2.6 Atmosphären von Planeten und Monden . . . 81

4 Linienspektren und Dopplereffekt 85
4.1 Notwendige Kenntnisse aus der Physik 85
4.1.1 Linien- (und Banden-)Spektren 85
4.1.2 Doppler-Effekt 86
4.2 Astronomische Probleme 87
4.2.1 Qualitative Spektralanalyse 87
4.2.2 Einige Bemerkungen zur quantitativen Spektralanalyse 90
4.2.3 Die Balmerserie in Absorption 91
4.2.4 Aufnahmen der Sonne im Licht einzelner Linien; Aufnahmen im Licht aus der Mitte oder den Flügeln einzelner Linien 93
4.2.5 Interstellarer Raum: das Leuchten der Emissionsnebel – verbotene Linien – die 21 cm-Linie – Moleküle im interstellaren Raum 95
4.2.6 Der Doppler-Effekt 101

5 Kernphysik 111
5.1 Notwendige Kenntnisse aus der Physik 111
5.1.1 Aufbau der Atomkerne 111
5.1.2 Coulombsches Potential, Tunneleffekt 112
5.2 Astronomische Probleme 113
5.2.1 Gravitationsinstabilität in interstellaren Wolken – Kontraktion – Entstehung von Sternen 113
5.2.2 Thermonukleare Reaktionen in Sternen auf der Hauptreihe 115
5.2.3 Kernprozesse in Sternen außerhalb der Hauptreihe 118
5.2.4 Endstadien der Sterne: Weiße Zwerge, Neutronensterne, Schwarze Löcher 120

Anhang 128
A.1 Erläuterung einiger Begriffe 128
A.2 Die wichtigsten Gesetzmäßigkeiten und Besonderheiten des Planetensystems, die wichtigsten Zustandsgrößen der Sterne 133
A.3 Lösungen der Aufgaben 138

Literaturverzeichnis 143
Sachwortverzeichnis 145

Einleitung

Astronomie ist nicht nur die älteste Wissenschaft, sie ist auch eine der faszinierendsten Wissenschaften. *Physik* ist eine sehr alte Wissenschaft, wenn in früher Zeit auch nicht immer die Methoden benutzt wurden, die wir heute als wissenschaftlich bezeichnen. Mindestens seit der Entdeckung des Gravitationsgesetzes sind Astronomie und Physik unlösbar miteinander verbunden.

Astrophysik ist heute das umfangreichste Teilgebiet der Astronomie. Das zeigt schon ein kurzer Blick in ein Lehrbuch der Astronomie oder ein umfangreicheres Tabellenwerk. Es gibt heute wohl kaum ein Gebiet der Physik, das nicht unmittelbaren oder mittelbaren Einfluß auf die astronomische Forschung hat. Die Astronomie „bedankt" sich dafür durch Anregungen und die Klärung vieler Fragen, die in irdischen Laboratorien nicht bearbeitet werden können.

Nur skizzenhaft sollen einige Querverbindungen zwischen Astronomie und Physik aufgezeigt werden.

1800 entdeckte *W. Herschel* den infraroten Teil des Spektrums, als er mit einem Thermometer das Sonnenspektrum und die angrenzenden Bereiche untersuchte. 1859 schufen *Bunsen* und *Kirchhoff* die Grundlagen der Spektralanalyse, ohne die die Astronomie im wesentlichen *Positionsastronomie* geblieben wäre. Die Fotografie, die bald nach ihrer Erfindung in die astronomische Forschung eingeführt wurde, dient der gesamten Astronomie, also sowohl der *Astrometrie* als auch der *Astrophysik*. Fast jede neue Entdeckung in der Physik wirkt sich in irgendeiner Weise auf die astronomische Forschung aus und sei es auch nur bei der Verbesserung der Geräte und Meßmethoden.

Neue Bereiche der Physik führen zu neuen Gebieten in der Astronomie. Heute gibt es eine „*Radioastronomie*", eine „*Infrarotastronomie*", eine „*Röntgenastronomie*" und eine „*γ-Strahlen-Astronomie*". Ja man spricht schon von einer „*Neutrinoastronomie*"! Ohne die weitreichenden Erkenntnisse der Kernphysiker wäre noch keine Seite des reizvollen Kapitels über das Werden und Vergehen von Sternen geschrieben.

Wer die immer stärker werdenden Wechselwirkungen und Verpflechtungen zwischen fast allen Wissenschaften verfolgt, wird nicht überrascht sein, daß auch die Astronomie der Physik etwas zu bieten hat. Die Astronomen erforschen z. B. die *Häufigkeitsverteilung der Elemente im Kosmos* und stellen die Frage nach der *Entstehung der Elemente*. Sie haben schon wichtige Ansätze zur Beantwortung dieser Fragen gefunden. Die Astronomen finden bei ihren Untersuchungen extreme Bedingungen, die kein Physiker in einem irdischen Laboratorium nachahmen kann: Dichten von etwa 1 Atom je cm^3 im interstellaren Raum, bis zu 10^8 Tonnen je cm^3 in Neutronensternen, Temperaturen bis zu einigen 10^9 K, Magnetfelder von 10^{-10} ... 10^8 Tesla und vieles mehr und das alles in z. T. unvorstellbar großen Räumen. So ist es kein Wunder, daß die Astronomen einiges gefunden haben und sicher noch finden werden, was die Physiker bei ihren Experimenten nicht finden können. Es sei nur an die *verbotenen Spektrallinien* erinnert, die einzig unter astronomischen Bedingungen entstehen können und die man eine Zeitlang bisher unbekannten Elementen

„Coronium“ und „Nebulium“ zuschrieb. Später fanden Theoretiker, daß es sich um verbotene Linien von doppelt ionisiertem Sauerstoff und hochionisiertem Eisen handelt. Die Physiker studieren mit großem Aufwand die Eigenschaften und das Verhalten des Plasmas. Der Astronom hat es in den weitaus meisten Fällen seiner Beobachtungen und Überlegungen mit *Materie im Plasmazustand* zu tun. Er kann dem Physiker sicher wichtige Hinweise geben. Die Beispiele ließen sich noch weiter vermehren.

Die Astronomie ist nicht nur eine bedeutende Wissenschaft. Sie stößt auch bei sehr vielen Menschen auf großes Interesse. Desto verwunderlicher ist es, daß im Unterricht aller Schulen Astronomie ein ausgesprochenes Stiefkind ist. Gewiß versucht man heute von vielen Seiten, der Astronomie Eingang in den Unterricht zu verschaffen. Das stößt aber auf einige Schwierigkeiten.

Man könnte z. B. daran denken, Astronomie als Fach wie Physik, Biologie oder andere für einen oder einige Jahrgänge einzuführen. Will man aber nicht nur plaudern, sondern wirkliches Verständnis wecken, müssen ausreichende Kenntnisse in Physik und Mathematik und vielleicht auch in Chemie vorhanden sein. Man kann also Astronomie oder besser ein geschlossenes Kapitel aus der Astronomie wohl nur in einem Grund- oder Leistungskurs der Sekundarstufe II behandeln. Das schließt nicht aus, daß man in allen Jahrgängen und den verschiedensten Fächern immer wieder astronomische Probleme behandelt, die dem Auffassungsvermögen der Schüler zugänglich sind. Man sollte das sogar tun!

Aber auch in der Sekundarstufe II kann man nicht Astronomie treiben, ohne auf Schritt und Tritt auf Fragen zu stoßen, zu deren Beantwortung die physikalischen Voraussetzungen fehlen. Man kann aus diesem Mangel eine Tugend machen, indem man die Erarbeitung physikalischer Sachverhalte durch interessante astronomische Fragestellungen motiviert. So kann man z. B. zu einem Einstieg in die Strahlungsgesetze und die Wellentheorie des Lichts kommen, wenn man nach den Informationen fragt, die die Strahlung der Sterne enthält. Die Frage nach der Energieerzeugung in der Sonne und in den Sternen führt in zwingender Weise zur Kernphysik. Wenn man etwas über die physikalischen Grundlagen hinausgeht, die für die Astronomie notwendig sind, kann man Astronomie und Physik zu einer glücklichen Synthese bringen.

Man kann aber auch anders, in einem gewissen Sinn umgekehrt, vorgehen. Der ganz normale Physikunterricht bietet oft und immer wieder die Möglichkeit zu einem mehr oder weniger intensiven Einstieg in die Astronomie. Dieser Weg bietet zwei Vorteile. Einmal erfaßt man sicher mehr Schüler als im Falle eines reinen Astronomiekurses. Zum anderen kann *jeder Physiklehrer* diesen Weg gehen. Die meisten Fachlehrer der Physik sind aber während ihrer Ausbildung nicht mit Astronomie in Berührung gekommen. Sie scheuen sich deshalb, einen ganzen Kurs in Astronomie vorzubereiten. Dagegen würde es vielen eine große Freude machen, in ihrem Physikunterricht astronomische Probleme aufzugreifen und zu behandeln. Sie wissen, daß sie dadurch den Unterricht beleben und vertiefen können. Man kann aber kaum erwarten, daß sie zu diesem Zweck astronomische Bücher studieren, um geeignete Fragestellungen zu finden.

Aus diesen Überlegungen heraus ist dieses Buch entstanden. Es zeigt von Kapitel zu Kapitel zunächst die notwendigen physikalischen Kenntnisse auf und bietet dann eine Reihe voneinander unabhängiger Probleme aus der Astronomie. Die Orientierung ist leicht und eine

Auswahl ist nach Belieben möglich. Man kann natürlich auch einen Teil des Buches einem Grund- oder Leistungskurs zugrunde legen. In diesem Fall wird man sicher zur Abrundung und Erweiterung des ausgewählten Kapitels eins der im Literaturverzeichnis aufgeführten Bücher heranziehen.

Die Auswahl der hier gebotenen Probleme ist natürlich beschränkt und subjektiv. Die Darstellung kann aber vielleicht dazu anregen, selbst nach weiteren interessanten Tatsachen und Problemen zu suchen, die eine enge Verbindung zwischen Physik und Astronomie im Unterricht ermöglichen.

1 Kepler-Gesetze und Gravitationsgesetz

Einige interessante Probleme, die allein mit Kenntnis der Keplerschen Gesetze und des Gravitationsgesetzes gelöst werden können.

1.1 Notwendige Kenntnisse aus der Physik

1.1.1 Zentrifugalkraft

Bewegung auf einem Kreis mit konstanter Bahngeschwindigkeit:

$$a_r = \frac{v^2}{r} = \frac{4\pi^2 r}{T^2}\,; \quad F_r = \frac{m v^2}{r} = \frac{4\pi^2 m r}{T^2}.$$

1.1.2 Kepler-Gesetze

Die drei Kepler-Gesetze in der Keplerschen Formulierung:

1. Die Planeten bewegen sich auf Ellipsen, in deren einem Brennpunkt die Sonne steht (1609).
2. Der Fahrstrahl (auch Leitstrahl oder Radiusvektor), d. h. die Verbindungslinie Sonne-Planet, überstreicht in gleichen Zeiten gleiche Flächen (1609).
3. Die Quadrate der Umlaufszeiten zweier Planeten verhalten sich wie die dritten Potenzen der großen Halbachsen ihrer Bahnellipsen (1618).

1.1.3 Gravitationsgesetz

Das Newtonsche Gravitationsgesetz: $F = G\frac{m_1 m_2}{r^2}$ (1666–87).
Der beste heute bekannte Wert für G ist $6{,}673\underline{2} \cdot 10^{-11}\,\mathrm{N\,m^2\,kg^{-2}}$.

1.2 Astronomische Probleme

1.2.1 Einige Betrachtungen zur Bewegung unseres Mondes. Siderische und synodische Umlaufszeit und die beiden ersten Kepler-Gesetze

Kepler (1571–1630) war der Überzeugung, daß die drei von ihm gefundenen Gesetze Folgerungen eines allgemeineren Gesetzes sind. Er vermutete eine Kraft, die von der Sonne ausgeht.

Newton (1642–1727) fand dieses Gesetz. Schon 1666 glaubte er, daß dieselbe Kraft, die den Körpern auf der Erde Gewicht verleiht, auch den Mond in seiner Bahn um die Erde hält. „*Jene Kraft, welche den Mond von der geradlinigen Bewegung abzieht, ist mit der irdischen Schwerkraft identisch*". Für diese Kraft machte Newton den Ansatz $F \sim 1/r^2$.

Für die Radialbeschleunigung a_r des Mondes ergibt sich daraus im Vergleich mit der Fallbeschleunigung an der Erdoberfläche

$$\frac{a_r}{g} = \left(\frac{R_E}{r}\right)^2, \tag{1.1}$$

worin r die mittlere Entfernung des Mondes und R_E der Erdradius ist. Nach *Huygens* gilt

$$a_r = \frac{v^2}{r} = \omega^2 \cdot r = \frac{4\pi^2}{T^2} \cdot r.$$

Damit erhält man aus Gl. (1.1)

$$g = a_r \left(\frac{r}{R_E}\right)^2 = \frac{4\pi^2}{T^2} \cdot r \cdot \left(\frac{r}{R_E}\right)^2 = \frac{4\pi^2}{T^2} \cdot \left(\frac{r}{R_E}\right)^3 \cdot R_E. \tag{1.2}$$

Nun war zu Newtons Zeit aus Beobachtungen von Mondfinsternissen die Entfernung des Mondes in Einheiten des Erdhalbmessers recht gut bekannt: $r \approx 60\ R_E$. Der Erdradius selbst war aber sehr viel weniger genau bekannt. Newton rechnete zunächst (wahrscheinlich 1665 1666) mit 5500 km. (Alte Maße werden hier natürlich in den heutigen Einheiten angegeben) Mit $T = 27{,}322$ d $= 2{,}3606 \cdot 10^6$ s erhält man $g = 8{,}42$ m s^{-2}. Dieses Ergebnis konnte ihn nicht befriedigen, da er wußte, daß die durch die Gravitation hervorgerufene Beschleunigung an der Erdoberfläche etwa 9,8 m s^{-2} beträgt. Er gab seine Überlegungen deswegen nicht bekannt. 1682 erfuhr er von der neuen Erdvermessung durch *Picard* (1670). Dieser gab für den Erdhalbmesser 6372 km an. Damit führt die Beziehung (1.2) auf $g = 9{,}75$ m s^{-2}. Die Übereinstimmung mit dem auf der Erde gemessenen Wert war nun so gut, daß Newton seine Überlegungen wieder aufgriff. Seine Gravitationstheorie wurde 1687 veröffentlicht. Sie ist ein Teilstück des großen Werkes „Philosophiae naturalis principia mathematica". Die verhältnismäßig lange Zeit zwischen 1682 und 1687 erklärt sich daraus, daß Newton erst das mathematische Rüstzeug (Fluxionsrechnung) entwickeln mußte, mit dem er die Probleme bei der Anwendung seiner Gravitationstheorie auf die Bewegung der Planeten und des Mondes bewältigen konnte.

Zur Berechnung der Radialbeschleunigung des Mondes ist oben die Zeit T = 27,322 d benutzt worden. Es ist natürlich die Zeit für einen Monat. In Tabellen findet man nun aber meist 2 – gelegentlich auch 3 oder mehr – Angaben über die Dauer eines Monats:

Synodischer Monat:	29 d	12 h	44 min	2,9 s	= 29,530 589 d,
Siderischer Monat:	27 d	7 h	43 min	11,5 s	= 27,321 661 d,
(Tropischer Monat:	27 d	7 h	43 min	4,7 s	= 27,321 582 d).

Diese Begriffe müssen zunächst geklärt werden.

Synode heißt Zusammenkunft. Unter einem *synodischen Monat,* auch *Lunation* genannt, versteht man die Zeit von einer *Konstellation* der drei Gestirne Erde, Mond und Sonne bis zur nächsten *gleichartigen Konstellation* (Zusammenkunft). Würde sich die Erde nicht um die Sonne bewegen, wäre diese Zeit gleichbedeutend mit der Zeit, die der Mond zu einem vollen Umlauf von 360° um die Erde braucht. Das aber ist ein *siderischer Monat.* Den Einfluß der Bewegung der Erde um die Sonne erkennt man aus Bild 1.1.

Von den Punkten E, E_1' und E_1 der Erdbahn können die Blickrichtungen zu einem sehr weit entfernten Stern als parallel angenommen werden. Von V ausgehend hat der Mond in V′ einen vollen Kreis um die Erde beschrieben. Es ist aber noch nicht wieder Vollmond. Von der Stellung V bis V′ ist ein siderischer Monat vergangen (Sidus, das Gestirn). Bis zum nächsten Vollmond in V_1 vergehen noch mehr als zwei Tage. Dann steht die Erde in E_1.

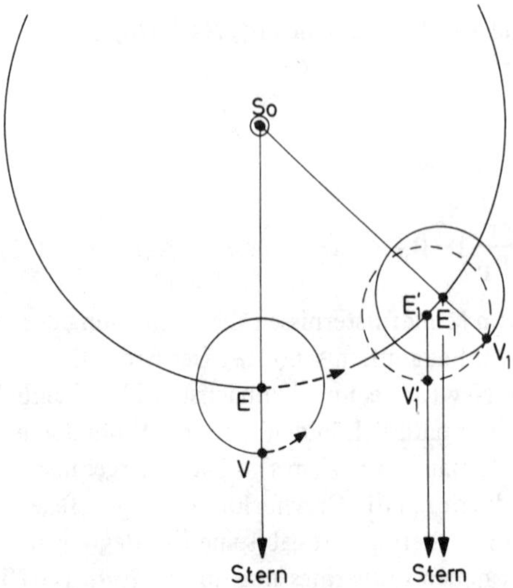

Bild 1.1

In Kalendern – nicht nur in Sternkalendern – findet man oft die Zeit für Vollmond und Neumond auf volle Minuten gerundet. In der Tabelle 1.1 sind die Zeiten für den Vollmond von Ende 1973 bis Ende 1974 angegeben. Die letzte Spalte zeigt die Zeit von Vollmond zu Vollmond.

Die kürzeste Lunation betrug in diesem Zeitraum 29 d 10 h 39 min, die längste 29 d 15 h 28 min. Im Mittel ergibt sich 29 d 12 h 57,4 min oder 29,539 881 d. Für andere Jahre ergeben sich größere Differenzen. 1968 z. B. war die kürzeste Lunation 29 d 7 h 5 min, die längste 29 d 18 h 42 min bzw. 29 d 19 h 21 min, wenn man die erst am 3. Jan. 1969 beendete Lunation hinzunimmt.

Tabelle 1.1

Datum		Tageszeit für Vollmond h	min	Zeit von Vollmond zu Vollmond d	h	min
1973 Nov.	10	15	27			
				29	11	7
1973 Dez.	10	2	34			
				29	11	2
1974 Jan.	8	13	36			
				29	10	48
1974 Febr.	7	0	24			
				29	10	39
1974 März	8	11	03			
				29	10	57
1974 April	6	22	00			
				29	11	55
1974 Mai	6	9	55			
				29	13	15
1974 Juni	4	23	10			
				29	14	30
1974 Juli	4	13	40			
				29	15	17
1974 August	3	4	57			
				29	15	28
1974 Sept.	1	20	25			
				29	15	13
1974 Okt.	1	11	38			
				29	14	41
1974 Okt.	31	2	19			
				29	13	51
1974 Nov.	29	16	10			
				29	12	41
1974 Dez.	29	4	51			

Es ist sicher lohnenswert, über diese leicht aufzufindenden Tatsachen nachzudenken. Zunächst wird deutlich, daß die Bewegung des Mondes nicht so einfach ist, wie sie oft dargestellt wird. Die große Fülle der Faktoren, die die Bahn des Mondes beeinflussen, kann hier nicht besprochen werden. Aber zwei Einflüsse sind besonders wirksam und auch – wenigstens qualitativ – durchaus verständlich:

1. die Tatsache, daß sich Erde und Mond auf Ellipsen bewegen,
2. die relativ schnelle *Drehung der Apsidenlinie**. Sie dreht sich – überwiegend rechtläufig* in 8,85 a einmal um 360°.

Die Bilder 1.2a und 1.2b zeigen zwei Extremfälle.

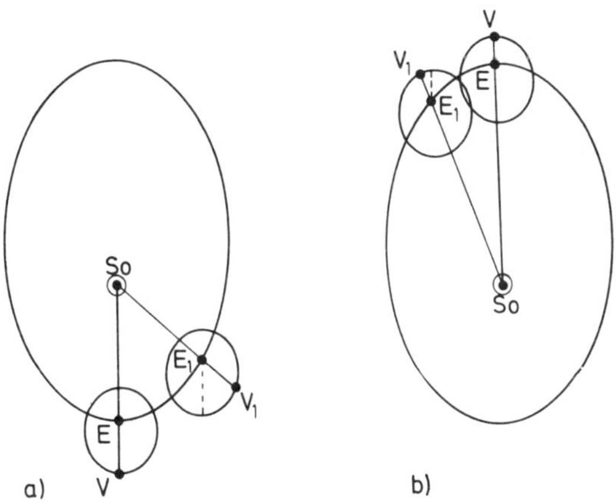

Bild 1.2

Ist die Erde in Sonnennähe (*Perihel*, Anfang Januar*), so besitzt sie nach dem 2. Kepler Gesetz ihre größte Bahngeschwindigkeit. Der Winkel, den der Fahrstrahl Erde-Mond nach einem siderischen Monat noch überstreichen muß, bis wieder Vollmond eintritt, ist groß. Befindet sich die Erde in Sonnenferne (*Aphel*, Anfang Juli*), dann ist der entsprechende Winkel klein. Nimmt man nun an, daß der Mond im ersten Fall – Bild 1.2a – das *Apogäum** seiner Bahn durchläuft, also seine kleinste Bahngeschwindigkeit hat, dann dauert es wesentlich länger bis zum Wiedereintritt des Vollmondes als im zweiten Fall, in dem der Mond sich nach Bild 1.2b im *Perigäum* seiner Bahn befindet, in dem der Fahrstrahl Erde-Mond bei maximaler Winkelgeschwindigkeit nur einen kleineren Winkel zurücklegen muß.

Die Frage, wie es zu einer so unterschiedlichen Dauer der Zeiten von Vollmond zu Vollmond kommt, ist damit in wesentlichen Zügen geklärt. Die Bedeutung der ersten beiden Kepler-Gesetze ist an einem naheliegenden und leicht überschaubaren Beispiel aufgezeigt worden. Selbstverständlich ist nach den durchgeführten Überlegungen nun auch, daß zur Berechnung der Radialbeschleunigung des Mondes nicht der synodische, sondern der siderische Monat zu wählen ist, der einem vollen Umlauf von 360° entspricht. Die oben angegebene Zeit von 27,321 661 d ist natürlich auch ein durchschnittlicher Wert.

---

* Siehe Anhang

Bemerkungen:

1. Wählt man zur Berechnung des *mittleren synodischen Monats* (29,530 589 d) die 12 oder 13 Lunationen eines Kalenderjahres, so erhält man u. U. stark voneinander abweichende Werte:

   1974: 29,552 951 d und 1970: 29,502 025 d. Wählt man einen Zeitraum von 8,85 a, so erhält man als Mittel für einen synodischen Monat einen recht genauen Wert.

2. Die Astronomen des Altertums haben den mittleren synodischen Monat erstaunlich gut bestimmt. Sie suchten nach längeren Zeiträumen, in denen die Perioden der Mondbewegung möglichst ganzzahlig enthalten sind. Intervalle dieser Art findet man z. B. im Zusammenhang mit den Finsternissen. Ein solches Intervall beträgt $6585\,\frac{1}{3}$ mittlere Sonnentage oder 18 Julianische Jahre zu 365,25 Tagen und $10\,\frac{5}{6}$ Tage. Es wurde von den Griechen Saroszyklus genannt. Nach Ablauf eines *Saros* ergibt sich weitgehend die gleiche Konstellation von Erde, Mond und Sonne. In diesem Abstand wiederholen sich also auch Sonnen- und Mondfinsternisse. In einem Saros sind 223 Lunationen enthalten. Das ergibt als Mittelwert für einen synodischen Monat 6585,33 d : 223 = 29,5306 d. Hipparch (etwa 180–125 v. Chr.) hat einen Zyklus von 126 007 d 1 h gefunden, der 4267 synodische Monate enthält. Im Mittel ergibt sich hieraus für einen synodischen Monat 126 007,0417 d : 4267 = 29,530 593 d. Man hat also allen Grund, vor den Leistungen der Astronomen dieser Zeit volle Hochachtung zu haben.

1.2.2 Die Bahnen der Planeten

Auch bei den Planeten muß man zwischen *siderischer und synodischer Umlaufszeit* unterscheiden. Die Bilder 1.3a und 1.3b zeigen zunächst die wichtigsten Konstellationen von Sonne, Erde und einem Planeten. (Bild 1.3a für einen äußeren, Bild 1.3b für einen inneren Planeten)

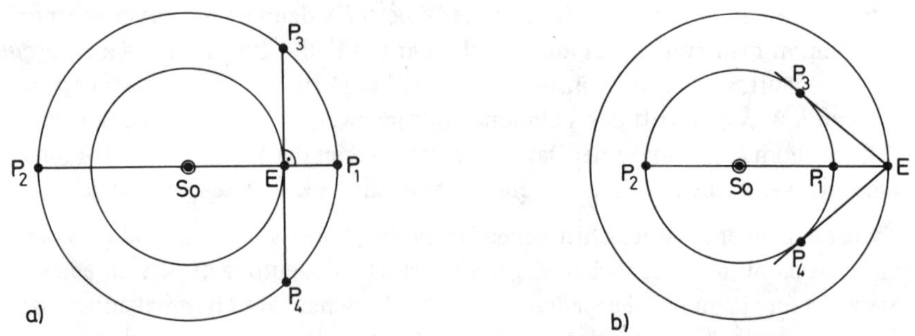

a) P_1: Opposition
P_2: Konjunktion
P_3 und P_4: Quadratur

b) P_1: Untere Konjunktion
P_2: Obere Konjunktion
P_3 und P_4: Größte westl. bzw. größte östl. Elongation

Bild 1.3

Unter der *synodischen Periode* oder Umlaufszeit eines Planeten versteht man die durchschnittliche Zeit zwischen zwei aufeinanderfolgenden *Oppositionen* (*Konjunktionen*) bei den äußeren Planeten bzw. zwischen zwei *Konjunktionen der gleichen Art* bei den inneren Planeten. Unter der *siderischen Umlaufszeit* versteht man die Zeit für einen vollen Umlauf von 360° um die Sonne. Für das Folgende ist es wichtig, den Zusammenhang zwischen der siderischen und synodischen Umlaufszeit eines Planeten und dem siderischen Jahr zu kennen. Bild 1.4 zeigt in P_1 einen äußeren Planeten in Opposition. Nach einer gewissen Zeit hat der Planet die Stellung P_2, die Erde aber wegen ihrer größeren Bahngeschwindigkeit und ihres geringeren Abstands von der Sonne die Stellung E_2 erreicht. Sie hat von der Sonne aus gesehen einen Vorsprung, der durch den Winkel P_2SoE_2 gemessen werden kann. Das siderische Jahr werde mit J_{Si}, die siderische Periode eines Planeten mit P_{Si}, seine synodische Periode mit P_{Sy} bezeichnet. Gibt man diese Zeiten in Tagen an, dann ist $\frac{360°}{J_{Si}}$ der Winkel, den der Fahrstrahl Sonne-Erde durchschnittlich in einem Tag überstreicht, $\frac{360°}{P_{Si}}$ der entsprechende Winkel für den Planeten. Danach ist für einen äußeren Planeten $\frac{360°}{J_{Si}} - \frac{360°}{P_{Si}}$ der tägliche Vorsprung der Erde vor dem Planeten. Der Vorsprung wächst von Tag zu Tag. Beträgt er, von 0° ausgehend (Opposition), schließlich 360°, dann ist die nächste Opposition erreicht und eine synodische Umlaufszeit des Planeten vollendet. Also gilt

$$P_{Sy} \cdot \left(\frac{360°}{J_{Si}} - \frac{360°}{P_{Si}} \right) = 360°.$$

Daraus erhält man

$$P_{Si} = \frac{P_{Sy} \cdot J_{Si}}{P_{Sy} - J_{Si}}.$$

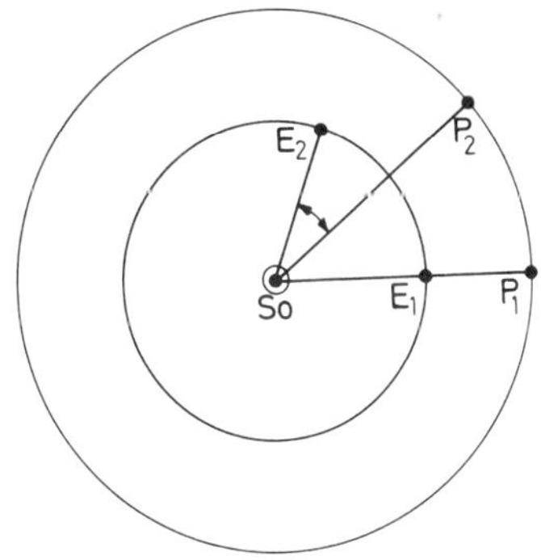

Bild 1.4

Für einen inneren Planeten findet man entsprechend zunächst für den täglichen Vorsprung $\frac{360°}{P_{Si}} - \frac{360°}{J_{Si}}$ und daraus

$$P_{Sy} \cdot \left(\frac{360°}{P_{Si}} - \frac{360°}{J_{Si}} \right) = 360°. \tag{1.3a}$$

Für die beiden inneren Planeten Merkur und Venus gilt also

$$P_{Si} = \frac{P_{Sy} \cdot J_{Si}}{P_{Sy} + J_{Si}}. \tag{1.3b}$$

Die synodische Umlaufszeit läßt sich verhältnismäßig einfach beobachten und war den Astronomen des Altertums schon recht genau bekannt. Die Genauigkeit wächst mit der Länge der Beobachtungszeit. Die siderische Umlaufszeit muß nach den oben hergeleiteten Beziehungen berechnet werden. So erhält man für Mars mit $P_{Sy} = 779{,}94$ d und $J_{Si} = 365{,}2564$ d:

$$P_{Si} = 686{,}98 \text{ d} = 1{,}881 \text{ a}.$$

Konstruktion der Marsbahn als Beispiel zur Anwendung der siderischen Umlaufszeit: Kepler standen zahlreiche und genaue Beobachtungen des Mars von *Tycho Brahe* (1546–1601) zur Verfügung. Er nahm zunächst für die Erde, gemäß einer Hypothese des *Kopernikus* (1473–1543), eine exzentrische Kreisbahn an. Befand sich die Erde in E_1, so konnte aus den Beobachtungen die Richtung E_1A zum Mars angegeben werden (Bild 1.5). Nach $P_{Si} = 1{,}881$ a mußte sich der Mars im gleichen Punkt seiner Bahn befinden. Dann aber war die Erde etwa in E_2. Von hier aus war der Mars in der Richtung E_2B zu sehen. Der Schnittpunkt von E_1A und E_2B mußte einen Punkt der Marsbahn ergeben, wenn man in erster Näherung annimmt, daß Erd- und Marsbahn in einer Ebene liegen.

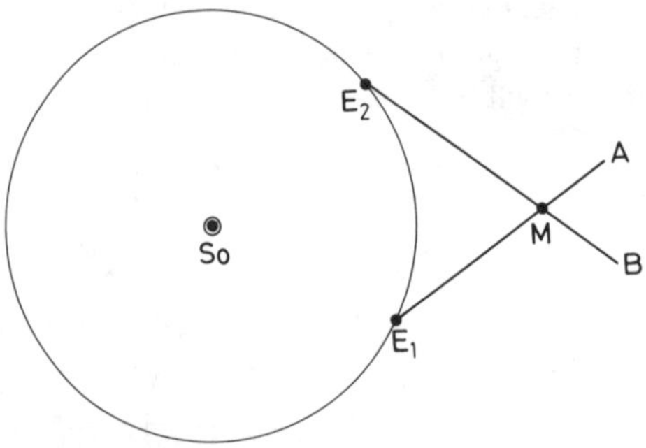

Bild 1.5
Mars M von zwei Punkten E_1 und E_2 der Erdbahn aus gesehen.

Auch Beobachtungen, die nicht genau einen zeitlichen Abstand der siderischen Umlaufszeit des Mars hatten, konnten benutzt werden, wenn sie eine genügend genaue Interpolation zuließen. Kepler arbeitete nicht geometrisch, sondern fand durch recht umständliche Rechnungen, daß die Marsbahn kein Kreis sein konnte und daß die Geschwindigkeit des Planeten nicht konstant ist. Die Annahme einer Ellipse für die Marsbahn führte dazu, auch für die Erdbahn eine Ellipse statt des exzentrischen Kreises anzusetzen. Kepler wiederholte die gesamten Rechnungen unter dieser Annahme und fand eine gute Übereinstimmung mit der Beobachtung.

Die Tabelle 1.2 ist nach den „Astronomisch-chronologischen Tafeln für Sonne, Mond und Planeten“ von *P. Ahnert* (Joh. Ambr. Barth, Leipzig) berechnet. Zur leichteren Konstruktion sind in der Tabelle die *heliozentrische Länge* der Erde und die *geozentrische Länge* des Mars gegeben (Bild 1.6).

Tabelle 1.2

Datum	$\lambda_{\odot E}$	$\lambda_{E♂}$	Vielfache der siderischen Umlaufszeit
1953 Okt. 1 1961 April 10	7,5 200,0	160,0 107,5	4
1953 Nov. 1 1961 Mai 11	38,5 230,0	179,0 122,5	4
1953 Dez. 1 1961 Juni 10	68,5 258,5	198,5 139,0	4
1954 Jan. 1 1961 Juli 11	100,0 288,5	217,0 157,5	4
1954 Febr. 1 1961 August 11	131,5 318,5	235,5 176,5	4
1956 Jan. 17 1961 Sept. 8	116,0 345,0	242,0 194,5	3
1954 April 1 1963 August 27	190,5 334,0	265,5 199,5	5
1954 Mai 1 1963 Sept. 26	226,0 2,0	275,5 219,5	5
1956 April 18 1963 Okt. 27	208,0 33,0	302,0 241,0	4
1956 Mai 18 1960 Febr. 21	237,0 151,5	320,5 298,5	2
1954 August 1 1962 Febr. 8	308,5 139,0	266,5 305,0	4
1954 Sept. 1 1958 Juni 6	338,0 255,0	274,5 358,0	2
1954 Okt. 1 1962 April 10	7,5 199,5	288,0 352,5	4
1954 Nov. 1 1962 Mai 11	38,0 230,0	307,0 16,0	4
1954 Dez. 1 1956 Okt. 18	68,0 24,0	326,5 343,5	1
1955 Jan. 1 1958 Okt. 6	101,0 12,5	349,0 62,0	2
1955 Febr. 1 1960 Sept. 23	131,5 0,0	11,0 91,0	3
1957 Jan. 16 1962 Sept. 8	115,5 345,0	22,5 100,0	3
1957 Febr. 16 1962 Okt. 9	147,0 15,5	41,0 118,5	3
1957 März 18 1962 Nov. 8	177,0 45,0	60,0 133,0	3
1959 März 6 1962 Dez. 9	164,5 76,5	70,5 144,0	2
1959 April 5 1963 Jan. 8	194,5 107,0	87,0 144,5	2

Fortsetzung der Tabelle 1.2

Datum	$\lambda_{\odot E}$	$\lambda_{E♂}$	Vielfache der siderischen Umlaufszeit
1955 August 1 1964 Dez. 26	308,0 94,5	133,0 172,5	5
1959 Juni 6 1965 Jan. 26	254,5 126,0	123,0 178,5	3
1963 April 10 1965 Febr. 25	199,5 158,0	128,5 173,5	1

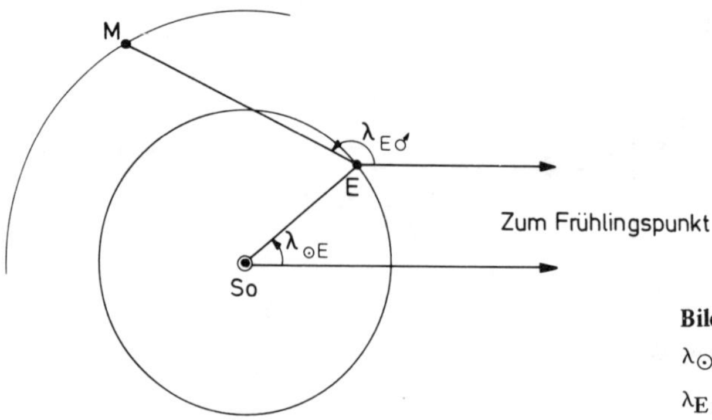

Bild 1.6
$\lambda_{\odot E}$: heliozentrische Länge der Erde
$\lambda_{E♂}$: geozentrische Länge des Mars

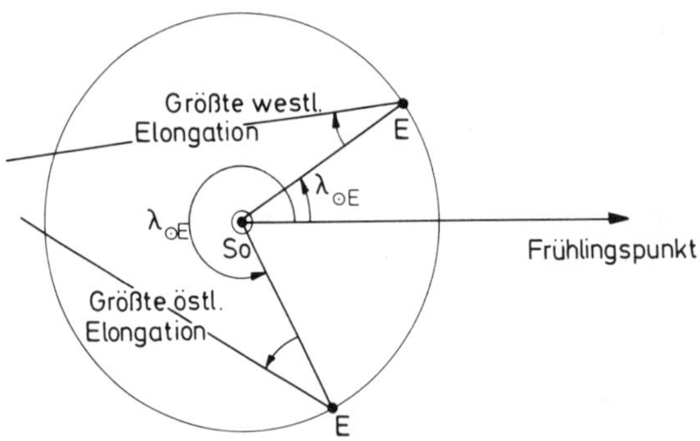

Bild 1.7
Zur Tangentenkonstruktion der Merkur- und Venusbahn

Für die *inneren Planeten* kann eine *Tangentenkonstruktion* durchgeführt werden, wenn man die Werte für die größten östlichen bzw. westlichen Elongationen und die Angaben über die Stellung der Erde in ihrer Bahn (heliozentrische Länge $\lambda_{\odot E}$) zur Zeit der Beobachtung der jeweiligen Elongation hat (Bild 1.7). In den Tabellen 1.3 und 1.4 sind genügend Werte für eine Konstruktion der Merkur- und Venusbahn enthalten. Aus einer guten Zeichnung der Merkurbahn kann man mit überraschend großer Genauigkeit die halbe große Achse, die numerische Exzentrizität und die Länge des Perihels ablesen. Die Venusbahn ist bei dieser Konstruktion von einem Kreis nicht zu unterscheiden. So läßt sich auch nur die halbe große Achse ermitteln.

Tabelle 1.3: *Merkur*

Datum	Größte Elongation östl.	Größte Elongation westl.	Heliozentrische Länge $\lambda_{\odot E}$ der Erde
1972 Jan. 1		23°	100° 14′
1972 März 14	18°		173° 56′
1972 April 28		27°	218° 18′
1972 Juli 11	26°		288° 45′
1972 August 25		18°	332° 30′
1972 Nov. 5	23°		43° 5′
1972 Dez. 14		21°	82° 22′
1973 Febr. 25	18°		157° 5′
1973 April 10		28°	200° 35′
1973 Juni 22	25°		271° 18′
1973 August 8		19°	316° 2′
1973 Okt. 18	25°		26° 15′
1973 Nov. 27		20°	64° 49′
1974 Febr. 9	18°		140° 11′
1974 März 23		28°	182° 49′
1974 Juni 4	24°		253° 18′
1974 Juli 22		20°	299° 12′
1974 Okt. 1	26°		7° 51′
1974 Nov. 10		19°	47° 42′

Tabelle 1.4: *Venus*

Datum	Größte Elongation östl.	Größte Elongation westl.	Heliozentrische Länge $\lambda_{\odot E}$ der Erde
1962 Sept. 3	46°		340° 47′
1963 Jan. 23		47°	102° 1′
1964 April 10	46°		200° 31′
1964 August 29		46°	336° 5′
1965 Nov. 15	47°		53° 15′
1966 April 6		46°	196° 17′
1967 Juni 21	45°		268° 57′
1967 Nov. 9		47°	46° 31′
1969 Jan. 26	47°		126° 48′
1969 Juni 17		46°	266° 18′
1970 Sept. 1	46°		339° 7′
1971 Jan. 20		47°	119° 57′
1972 April 8	46°		198° 16′
1972 August 27		46°	333° 55′
1973 Nov. 13	47°		50° 53′
1974 April 4		46°	194° 0′

Aufgaben:

1. Die Umlaufszeit des Merkur um die Sonne beträgt 87,9686 d, seine siderische Rotationszeit 58,65 d. Das ist genau 2/3 der Umlaufszeit. Wie lange dauert auf dem Merkur ein Sonnentag?
2. Die Umlaufszeit der Venus um die Sonne beträgt 224,7 Tage, ihre siderische Rotationszeit 243 Tage. Die Rotation erfolgt retrograd, d. h. von Norden gesehen im Uhrzeigersinn. Wie lange dauert auf der Venus ein Sonnentag?
3. Mars hat zwei kleine Monde, Phobos und Deimos. Die siderischen Umlaufszeiten betragen 7 h 39 min 14 s bzw. 30 h 17 min 55 s. Die Rotationszeit des Mars beträgt 24 h 37 min 23 s. In welchen Abständen und in welcher Richtung gehen die Monde durch den Meridian eines Beobachters auf dem Mars?
4. Wie groß erscheint der Mars von einem seiner Monde aus?
5. Wie groß erscheint die Sonne vom Perihel bzw. Aphel der Merkurbahn?
6. Von dem Kometen 1843I kennt man die Exzentrizität $e = 0{,}99991$ und die Periheldistanz $q = 0{,}0055$ AE. Geben Sie die Periheldistanz in Kilometern und Sonnenhalbmessern an. Berechnen Sie die große Achse der Bahn, die Apheldistanz und die Umlaufszeit!

1.2.3 Zum 3. Kepler-Gesetz; das Gravitationsgesetz; Bestimmung von Entfernungen und Massen im Planetensystem

„Die Quadrate der Umlaufszeiten zweier Planeten verhalten sich wie die 3. Potenzen der großen Halbachsen ihrer Bahnen“:

$$\frac{T_1^2}{T_2^2} = \frac{a_1^3}{a_2^3}.$$

Daraus folgt

$$\frac{T_1^2}{a_1^3} = \frac{T_2^2}{a_2^3} = k_\odot ,$$

wobei $k_\odot$ eine für alle Planeten gleiche Konstante ist, die nur von der Masse der Sonne abhängt. Es gilt $k_\odot = 2{,}975 \cdot 10^{-19}\ \mathrm{m^{-3}\ s^2}$. Man erhält diesen Wert, wenn man etwa für T die Dauer eines siderischen Jahres, $3{,}1558 \cdot 10^7$ s, und für a die astronomische Einheit, $1{,}496 \cdot 10^{11}$ m, einsetzt. Unter den Umlaufszeiten der Planeten sind natürlich die siderischen Umlaufszeiten zu verstehen. Das Gesetz gilt in dieser Form nur, weil die Masse der Sonne die aller Planeten um rund das 1000-fache übertrifft. Da die Umlaufszeiten sehr genau bestimmt werden können, liefert das 3. Kepler-Gesetz die relativen Abmessungen der Planetenbahnen. Gelingt es, die halbe große Achse der Erdbahn – auch mittlerer Abstand der Erde von der Sonne genannt – in Metern oder Kilometern zu messen, dann hat man auch in der gleichen Einheit die halben großen Achsen aller anderen Bahnen von Körpern, die die Sonne umlaufen, sofern die Umlaufszeiten bekannt sind.

Die Entfernung Erde-Sonne kann nicht unmittelbar gemessen werden: trigonometrisch nicht, weil feste Punkte auf der Sonnenoberfläche fehlen und die Luftunruhe eine präzise Messung unmöglich macht; durch Laufzeitmessung von Radiowellen (Radar) nicht, weil die Reflexion nicht an der Photosphäre, sondern in zunächst unbekannter Höhe in der äußeren Korona erfolgt.

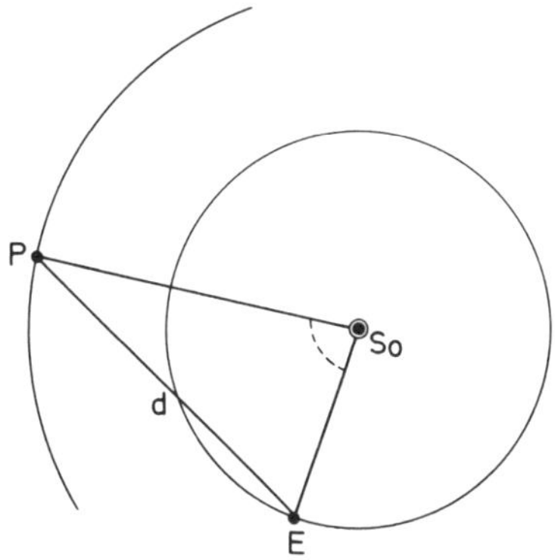

Bild 1.8

Zu einer bestimmten Zeit stehe die Erde in E, ein Planet in P (Bild 1.8). Die Entfernungen der Erde und des Planeten von der Sonne, ESo und PSo, sind in astronomischen Einheiten bekannt, weil die relativen Abmessungen im Planetensystem bekannt sind. Man kann die Stellung der Erde und eines jeden Planeten in ihren Bahnen zu einer bestimmten Zeit berechnen und kennt damit auch den Winkel ∢ ESoP. Aus dem Dreieck Δ ESoP läßt sich die augenblickliche Entfernung d zwischen der Erde und dem Planeten in astronomischen Einheiten berechnen. Von einer Neigung der Bahnen gegeneinander ist bei dieser einfachen Betrachtung abgesehen.

Es gibt zwei Methoden zur Bestimmung von d.

1. *Die trigonometrische Methode*: Kommt ein Planet oder Planetoid der Erde so nahe, daß man seinen Abstand von der Erde durch Winkelmessung von zwei verschiedenen Stationen in m oder km bestimmen kann, dann kann man auch die astronomische Einheit in m oder km berechnen.

1672 wurde zum ersten Mal der Versuch gemacht, auf diese Weise die Entfernung des Mars zu einer gegebenen Zeit zu bestimmen. Die Beobachtungsstationen lagen in Paris und Cayenne. Der Mars aber ist, wie alle anderen Planeten, ungeeignet, weil er sich als Scheibe und nicht als Lichtpunkt darbietet. In diesem Jahrhundert wurde der 1898 entdeckte Planetoid Eros zur Bestimmung der astronomischen Einheit benutzt und zwar während seiner Oppositionen 1901 und 1930/31.

2. *Laufzeitmessung*: Die ersten Versuche, mit Radarechos die Entfernung eines Planeten zu bestimmen, wurden im Februar 1958 während einer unteren Konjunktion der Venus gemacht (Institute of Technology, Massachusetts). Weitere Versuche: September 1959 in Jodrell Bank, England; 6. März bis 18. Mai 1961 erneut in Massachusetts. Für die Berechnung der Entfernungen müssen die Radien der Erde und Venus und die Ausbreitungsgeschwindigkeit elektromagnetischer Wellen bekannt sein. Die Radarmethode führt zu Werten der astronomischen Einheit, die um wenigstens eine Größenordnung genauer sind als die durch trigonometrische Messungen gewonnenen Werte.

Spencer Jones berechnete aus Beobachtungen an Eros für AE den Wert $(149{,}674 \cdot 10^6 \pm 17\,000)$ km. Die Laufzeitmessungen des Instituts in Massachusetts im Jahre 1961 führten zu $(149{,}59785 \cdot 10^6 \pm 400)$ km. (Genaueres zur Definition und Bestimmung der astronomischen Einheit findet man z. B. in „Sterne und Weltraum", 11 Jahrg., 1972, Nr. 11, Seite 298 und „Die Sterne", Joh. Ambr. Barth, Leipzig, 38. Jahrg., 1962, Seite 1 sowie im „Handbuch der Mathematik" Schroedel Verlag, Hannover, Bd. 4, Seite 252.)

Maßstabgerechte Darstellung der Planetenbahnen. Es war sicher ein glücklicher Umstand, daß Tycho Brahe seinem Mitarbeiter Kepler besonders zahlreiche und genaue Beobachtungsdaten für den Planeten Mars hinterlassen hat. Bei einer entsprechenden Untersuchung der Venusbahn wäre Kepler die Entdeckung seines ersten Gesetzes nicht gelungen, da die Exzentrizität der Venusbahn sehr gering ist (0,007). Man sollte sich an dieser Stelle die wahren Verhältnisse bezüglich der Bahnformen deutlich machen, einmal, um die hervorragenden Leistungen Keplers und Tycho Brahes würdigen zu können, zum anderen, um sich von dem meist benutzten Bild einer mehr oder weniger langgestreckten Ellipse zu lösen. Hierzu stelle man sich zunächst die Bahn eines jeden Planeten als Kreis mit dem Halbmesser $a = 1$ m vor. Um die elliptischen Bahnen zu bekommen, muß man einen Durchmesser beibehalten und den dazu senkrechten verkürzen. Die kleine Halbachse der Ellipse sei b. Tabelle 1.5 enthält für alle Planeten die Differenz $a - b$ in mm und die numerische Exzentrizität e.

Tabelle 1.5

Planet	$a - b$ mm	e
Merkur	21,45	0,206
Venus	0,02	0,007
Erde	0,14	0,017
Mars	4,33	0,093
Jupiter	1,15	0,048
Saturn	1,63	0,057
Uranus	1,11	0,047
Neptun	0,04	0,009
Pluto	31,50	0,249

$$a - b = a\,(1 - \sqrt{1 - e^2})$$
$$a = 1 \text{ m}$$

Das Gravitationsgesetz und die exakte Fassung des 3. Kepler-Gesetzes. Es wurde schon erwähnt, daß das 3. Kepler-Gesetz in der ursprünglichen Fassung nur gilt, weil 99,9 % der Gesamtmasse des Planetensystems in der Sonne vereinigt sind. Erst mit Hilfe des Newtonschen Gravitationsgesetzes gelingt die exakte Fassung des 3. Kepler-Gesetzes. Der Übergang von den Kepler-Gesetzen zum Gravitationsgesetz sei hier nur kurz skizziert. Dabei werden Kreisbahnen angenommen.

Die zum Zentrum hin wirkende Gravitationskraft muß der Zentrifugalkraft das Gleichgewicht halten. Es muß also gelten

$$F_G = \frac{4\pi^2 a \cdot m_p}{T^2} .$$

Aus dem 3. Kepler-Gesetz in der Form $\frac{T^2}{a^3} = k_\odot$ entnimmt man $T^2 = k_\odot \cdot a^3$. Damit folgt

$$F_G = \frac{4 \cdot \pi^2}{k_\odot} \cdot \frac{m_p}{a^2}. \tag{1.4a}$$

Das 3. Newtonsche Axiom liefert für F_G einen zweiten Ausdruck:

$$F_G = \frac{4 \cdot \pi^2}{k_p} \cdot \frac{m_\odot}{a^2}, \tag{1.4b}$$

worin k_p nur von der Masse des Planeten abhängt, wie $k_\odot$ nur von der Masse der Sonne. Für die Erde erhält man z. B. aus dem siderischen Monat und dem mittleren Abstand des Mondes

$$k_E = \frac{T^2}{a^3} = \frac{(27{,}321661 \cdot 86400)^2}{(3{,}884 \cdot 10^8)^3}\ m^{-3}\,s^2 = 9{,}81 \cdot 10^{-14}\ m^{-3}\,s^2.$$

Aus den Gln. (1.4a) und (1.4b) folgt

$$F_G = G \cdot \frac{m_\odot \cdot m_p}{a^2} \quad \text{mit} \quad G = \frac{4\pi^2}{m_\odot k_\odot} = \frac{4\pi^2}{m_p k_p}. \tag{1.5}$$

G muß experimentell bestimmt werden (Drehwaage). Der beste heute bekannte Wert ist $G = 6{,}673 \cdot 10^{-11}\ m^3\,kg^{-1}\,s^{-2}$. Berechnet man aus

$$G = \frac{4\pi^2}{m_E k_E}$$

mit dem eben erhaltenen Wert für k_E die Masse der Erde, so erhält man $m_E = 6{,}031 \cdot 10^{24}$ kg, einen offensichtlich zu großen Wert. Hier wird deutlich, daß die obige Beziehung, die k_E liefert, nur angenähert gilt.

Die exakte Fassung des 3. Kepler-Gesetzes findet man auf folgende Weise: Zwei Körper mit den Massen m_1 und m_2 mögen sich auf Kreisbahnen mit den Radien r_1 und r_2 um ihren Massenmittelpunkt bewegen.

Mit den Bezeichnungen des Bildes 1.9 gelten folgende Beziehungen:

$$\frac{4\pi^2 m_1 r_1}{T_1^2} = G \frac{m_1 m_2}{r^2} \tag{1.6a}$$

$$\frac{4\pi^2 m_2 r_2}{T_2^2} = G \frac{m_1 m_2}{r^2}. \tag{1.6b}$$

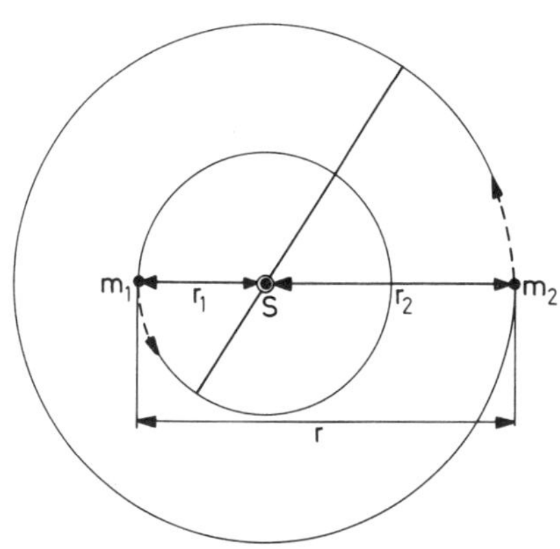

Bild 1.9

Mit $T_1 = T_2 = T$ erhält man durch Addition der Gln. (1.6a) und (1.6b)

$$\frac{4\pi^2 (r_1 + r_2)}{T^2} = G \frac{m_1 + m_2}{r^2}$$

oder mit $r_1 + r_2 = r$

$$\frac{r^3}{T^2} = \frac{G}{4\pi^2} (m_1 + m_2). \qquad (1.7)$$

In dieser Form gilt das 3. Kepler-Gesetz nicht nur für Kreisbahnen, sondern auch für elliptische Bahnen. An die Stelle von r tritt die halbe große Achse a.

Massenbestimmung im Planetensystem. Die exakte Fassung des 3. Kepler-Gesetzes bietet die Möglichkeit, Massen von Himmelskörpern zu bestimmen. Man erhält allerdings zunächst immer nur die Summe zweier Massen.

Erde und Mond: Mit $r = 3{,}844 \cdot 10^8$ m und $T = 27{,}322 \cdot 86400$ s erhält man $m_E + m_{Mo} = 6{,}031 \cdot 10^{24}$ kg. Ein Vergleich mit $m_E = \frac{4\pi^2}{G \cdot k_E}$ zeigt die Fehlerhaftigkeit des obigen Ansatzes.

Die Summe $m_E + m_{Mo}$ kann auch durch eine genaue Analyse der Gravitationswirkung von Erde und Mond auf andere Körper des Planetensystems, z. B. Eros, ermittelt werden. Man erhält dann $m_E + m_{Mo}$ zunächst in Einheiten der Sonnenmasse. Als bester Wert gilt zur Zeit $(m_E + m_{Mo}) : m_\odot = 1 : 328\,912$.

Man kann die *Masse der Erde allein* bestimmen. Notwendig ist die Kenntnis der Gravitationskonstante G, der Erdbeschleunigung g und des Radius R. Es gilt

$$m \cdot g = G \frac{m \cdot m_E}{R^2}, \qquad (1.8a)$$

wobei m eine Probemasse ist. Daraus folgt

$$m_E = \frac{g \cdot R^2}{G}. \qquad (1.8b)$$

Mit $g = 9{,}81$ m s^{-2}, $R = 6{,}371 \cdot 10^6$ m und $G = 6{,}673 \cdot 10^{-11}$ m^3 kg^{-1} s^{-2} erhält man $m_E = 5{,}967 \cdot 10^{24}$ kg.

Die Masse der Sonne wird in den meisten Lehrbüchern aus der Bedingung Gravitationskraft = Fliehkraft bei Annahme einer Kreisbahn berechnet. Man erhält aus

$$G \frac{m_\odot \cdot m_E}{a^2} = \frac{4\pi^2 m_E a}{T^2} \qquad (1.9a)$$

$$m_\odot = \frac{4\pi^2}{G} \cdot \frac{a^3}{T^2}. \qquad (1.9b)$$

Mit $a = 1{,}496 \cdot 10^{11}$ m und $T = 3{,}155815 \cdot 10^7$ s ergibt sich

$$m_\odot = 1{,}9889 \cdot 10^{30}\ \text{kg}.$$

Dieses Ergebnis macht deutlich, daß man mit dem exakten Ansatz

$$m_{\odot} + m_E + m_{Mo} = \frac{4\pi^2}{G} \cdot \frac{a^3}{T^2} \tag{1.10}$$

in den ersten 6 Dezimalstellen keinen anderen Wert bekommt.

Bemerkungen:

a) Die Masse der Erde wird in Tabellen mit $5{,}976 \cdot 10^{24}$ kg angegeben. Oben wurde sie zu $5{,}967 \cdot 10^{24}$ kg berechnet.

b) Berechnet man aus $m_E + m_{Mo} = 6{,}031 \cdot 10^{24}$ kg und $m_E = 5{,}967 \cdot 10^{24}$ kg das Verhältnis der Mond- zur Erdmasse, so erhält man 1 : 93,2. Dieser Wert weicht erheblich von dem heute gut bekannten Wert 1 : 81,3 ab.

c) Der beste Wert für das Verhältnis der Sonnenmasse zur Summe aus Erd- und Mondmasse liegt je nach der Methode der Berechnung zwischen 328 894 und 328 927. Mit $m_E + m_{Mo} = 6{,}031 \cdot 10^{24}$ kg und $m_{\odot} = 1{,}989 \cdot 10^{30}$ kg erhält man 329 796.

d) Benutzt man die Daten einiger künstlicher Satelliten zur Ermittlung der Erdmasse, so erhält man keine sehr genauen Werte.

Beispiele:

Tabelle 1.6

Satellit	Start	Abstand von der Erde im		Umlaufszeit min	Masse der Erde 10^{24} kg
		Perigäum km	Apogäum km		
Cosmos 304	21.10.69	742	761	99,9	5,950
Nimbus	8. 4.70	1095	1100	107,3	5,946
Nato 1	20. 3.70	34429	35786	1401,6	5,970
Skynet 2	19. 8.70	270	36041	636,5	5,985

Die unter a) bis d) gestellten Fragen können in der Schule nicht umfassend beantwortet werden. Man sollte sie aber stellen. Wesentliche Gründe für die Abweichungen liegen in Folgendem: Die Bewegung künstlicher Satelliten oder des Mondes um die Erde ist kein reines Zweikörperproblem. Außerdem ist die Erde keine Kugel und die Masse in ihr ist weder homogen noch in homogenen Schalen verteilt.

Die Massen von Mars, Jupiter, Saturn, Uranus und Neptun können durch genaue Beobachtung der umlaufenden Monde bestimmt werden. Natürlich erhält man die Summe aus der Masse des Planeten und der eines Mondes. Ist die Masse eines Mondes (oder auch einiger Monde) so groß, daß sie aus Störungen, die dieser auf andere Monde ausübt, ermittelt werden kann, dann kann die Masse des Planeten und die eines (oder einiger) seiner Monde getrennt berechnet werden. Außer der Masse der 4 großen (Galileischen) Jupitermonde ist die Masse von 5 Saturnmonden und eines Neptunmondes (Triton) genauer bekannt.

Tabelle 1.7: *Mars* (♂)

	a 10^6 m	T d	T 10^4 s	m 10^{23} kg
Phobos	9,37	0,3189	2,7553	6,411
Deimos	23,52	1,262	10,904	6,474
Masse ohne Mond nach Landolt-Börnstein:				6,443

Tabelle 1.8: *Jupiter* (♃)

	a 10^8 m	T d	T 10^5 s	m 10^{27} kg
Jo	4,216	1,769	1,5284	1,8979
Europa	6,709	3,551	3,0681	1,8979
Ganymed	10,70	7,155	6,1819	1,8965
Callisto	18,80	16,689	14,419	1,8909
Nr. 5	1,813	0,498	0,4303	1,9043
Nr. 9	237,00	758	654,91	1,8362
Masse ohne Mond nach Landolt-Börnstein:				1,8993

Man beachte in Tabelle 1.8 besonders die Abweichungen bei Nr. 5 und Nr. 9. Der Mond Nr. 5 hat die kleinste, der Mond Nr. 9 die größte Entfernung von Jupiter.

Im September 1974 wurde der 13. Jupitermond entdeckt. Er hat nach ersten Berechnungen einen mittleren Abstand vom Mittelpunkt des Jupiter von $123{,}9 \cdot 10^8$ m und eine Umlaufszeit von 282 Tagen. Mit diesen Werten erhält man für die Jupitermasse $1{,}8955 \cdot 10^{27}$ kg. Im Nov. 1975 ist der 14. Jupitermond entdeckt worden.

Tabelle 1.9: *Saturn* (♄)

	a 10^8 m	T d	T 10^5 s	m 10^{26} kg
Mimas	1,86	0,942	0,8139	5,747
Dione	3,77	2,737	2,3648	5,669
Titan	12,22	15,95	13,781	5,684
Phoebe	129,3	550,4	475,55	5,655
Masse ohne Mond nach Landolt-Börnstein:				5,684

Titan hat die Masse $1{,}4 \cdot 10^{23}$ kg.

Tabelle 1.10: *Uranus* (♅)

1	a 10^8 m	T d	 10^5 s	m 10^{25} kg
Miranda	1,30	1,413	1,2208	8,721
Ariel	1,92	2,520	2,1773	8,833
Umbriel	2,67	4,144	3,5804	8,784
Titania	4,38	8,706	7,5220	8,786
Oberon	5,86	13,46	11,629	8,803
Masse ohne Mond nach Landolt-Börnstein:				8,676

Tabelle 1.11: *Neptun* (♆)

	a 10^8 m	T d	 10^5 s	m 10^{26} kg
Triton	3,54	5,877	5,0777	1,018
Nereide	55,70	359,4	310,52	1,060
Masse ohne Mond nach Landolt-Börnstein:				1,029

Triton hat die Masse $1{,}4 \cdot 10^{23}$ kg.

Aus dem Vergleich zwischen den hier errechneten Massen und Werten, die man zuverlässigen Tabellen entnimmt, geht eins mit Sicherheit hervor: Die Ermittlung möglichst genauer Werte für die Planetenmassen ist schwieriger, als die einfachen, hier durchgeführten Rechnungen schließen lassen.

1.2.4 Störungsrechnung

Die Masse von Merkur, Venus und Pluto, d. h. den Planeten ohne Monde, kann nur aus *Störungen* berechnet werden, die diese Planeten auf Nachbarplaneten, auf nahekommende Planetoiden oder auf Raumsonden ausüben.

Für unser Plantensystem ist bezüglich der Störungen der Fall besonders interessant und wichtig, in dem die Kraft des störenden Körpers sehr viel kleiner als die Kraft zwischen der Sonne und einem Planeten oder einem Planeten und seinem Mond ist.

Beispiel: Die Entfernung zwischen Erde und Sonne sei r, die Entfernung zwischen Erde und Jupiter sei ρ. Die Kraft zwischen Erde und Sonne ist

$$F_{\odot E} = G \frac{m_E \cdot m_\odot}{r^2},$$

die Kraft zwischen Erde und Jupiter, dem massereichsten Planeten, ist

$$F_{♃ E} = G \frac{m_E \cdot m_{♃}}{\rho^2}.$$

Das Verhältnis der Kräfte ist

$$\frac{F_{♃E}}{F_{\odot E}} = \frac{m_{♃}}{m_{\odot}} \cdot \left(\frac{r}{\rho}\right)^2. \tag{1.11}$$

Nimmt man den günstigsten Fall für eine Störung, d.h. den größten Abstand von der Sonne und den kleinsten Abstand vom Jupiter, so erhält man

$$\frac{F_{♃E}}{F_{\odot E}} = \frac{1{,}8993 \cdot 10^{27}}{1{,}989 \cdot 10^{30}} \cdot \left(\frac{152{,}1}{3{,}95 \cdot 149{,}6}\right)^2 = 6{,}33 \cdot 10^{-5}.$$

Die Störung ist am größten, wenn Sonne (So), Planet (P) und störender Körper (S) sich auf einer Geraden befinden (Bild 1.10). Die Entfernung zwischen dem Planeten und der Sonne sei r, die zwischen dem Planeten und dem störenden Körper sei ρ.

Bild 1.10

Die Masse des störenden Körpers sei m_S. Dann ist die Beschleunigung, die durch den störenden Körper am Ort der Sonne bewirkt wird

$$a_{\odot} = G\,\frac{m_S}{(r+\rho)^2},$$

die am Ort des Planeten bewirkte Beschleunigung ist

$$a_P = G\,\frac{m_S}{\rho^2}.$$

Die Differenz dieser Beschleunigungen ist die Störung.

$$\text{Störung} = \Delta a = a_P - a_{\odot} = G \cdot m_S \cdot \left(\frac{1}{\rho^2} - \frac{1}{(r+\rho)^2}\right) \tag{1.12}$$

Nimmt man $r \ll \rho$ an, so ergibt sich als erste Näherung

$$\Delta a \approx 2 \cdot G \cdot m_S\,\frac{r}{\rho^3} \tag{1.13a}$$

$$\left(\frac{1}{(r+\rho)^2} = \frac{1}{\rho^2\left(1+\frac{r}{\rho}\right)^2} \approx \frac{1}{\rho^2}\left(1-\frac{r}{\rho}\right)^2 \approx \frac{1}{\rho^2} - \frac{2r}{\rho^3}\right).$$

Steht die Sonne zwischen dem Planeten und dem störenden Körper, so gilt entsprechend Bild 1.11.

$$\Delta a = G \cdot m_S\left(\frac{1}{(\rho-r)^2} - \frac{1}{\rho^2}\right) \tag{1.13b}$$

$$\Delta a \approx 2 \cdot G \cdot m_S\,\frac{r}{\rho^3}\,. \tag{1.14}$$

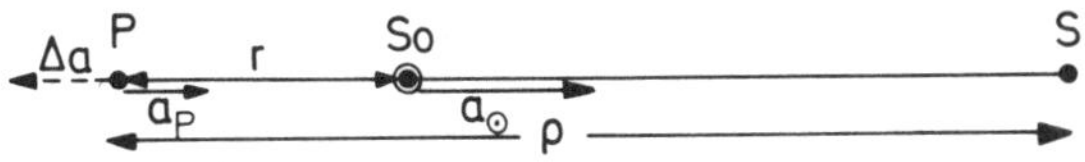

Bild 1.11

Am Ort des Planeten wirkt die Differenz der Beschleunigungen immer so, daß sie *von der Sonne fortgerichtet* ist, *Die Störung wirkt so, als ob die Anziehungskraft der Sonne verkleinert wäre.* Das gleiche Bild ergibt sich, wenn man einen Planeten mit Mond und die Sonne als störenden Körper betrachtet. Daher ist es verständlich, daß man für die Masse eines Planeten oft einen zu kleinen Wert bekommt, wenn man Monde mit großem Abstand benutzt.

Störungen bewirken eine Differenz zwischen der vorausberechneten Position, z. B. eines Planeten, und der beobachteten. *Aus den wiederholt festgestellten Differenzen kann man auf den Ort und die Masse des störenden Körpers schließen. Auf diese Weise sind Neptun und Pluto entdeckt worden.*

Der Uranus wurde 1781 zufällig von *W. Herschel* entdeckt. Nach ausreichender Beobachtungszeit wurde die Bahn des neuen Planeten berechnet. Ebenso wurden die Orte für die zukünftigen Beobachtungen vorausberechnet. 1830 betrug die Differenz zwischen beobachtetem und berechnetem Ort schon 20″, 1840 sogar 90″. *Adams* (England) und *Leverrier* (Frankreich) suchten daraufhin nach einem störenden Körper. Leverrier teilte das Ergebnis seiner Rechnungen verschiedenen Sternwarten mit, u. a. auch der Berliner Sternwarte, an der *J. G. Galle* arbeitete. Am Tage, an dem Galle den Brief erhielt, es war der 23.9.1846, war der Himmel klar. Zufällig war auch gerade eine Sternkarte von der Himmelsgegend fertig geworden, in der nach Leverriers Berechnungen der bisher unbekannte Planet stehen sollte. Er wurde 52′ von dem vorausberechneten Ort entfernt aufgefunden. Störungen in der Uranus- und Neptunbahn ließen auf einen weiteren unbekannten Planeten schließen. Nach vorausgegangenen Berechnungen vor allem von *Lowell* und *Pickering* wurde dieser Planet 1930 von *Tombaugh* entdeckt. Er erhielt den Namen Pluto. Es werden weitere Planeten vermutet. Ihre Existenz ist bis heute nicht gesichert.

Störungen verändern die Bahn eines jeden Planeten. *Ausführliche Rechnungen haben gezeigt, daß das Planetensystem trotz aller gegenseitigen Störungen stabil ist.* Man muß *periodische und säkulare Störungen* unterscheiden. Die großen Halbachsen, die Exzentrizitäten und die Neigungen der Planetenbahnen unterliegen praktisch nur periodischen Störungen. Säkulare Störungen der großen Halbachsen machen sich erst in vielen Milliarden Jahren bemerkbar, d. h. in einer Zeit, in der die Sonne nicht mehr in ihrem heutigen Zustand existiert. Säkulare Störungen gibt es u. a. bei den Apsidenlinien, d. h. den Verbindungslinien von Perihel (Sonnennahpunkt) und Aphel (Sonnenfernpunkt). Die Apsidenlinie der Erde z. B. dreht sich rechtsläufig um etwa 11,6″ in einem Jahr. Die siderische Umlaufszeit des Perihels der Erde dauert rund 111 300 Jahre.

Der beobachtete Wert der Periheldrehung kann mit Hilfe der klassischen Physik nicht exakt berechnet werden. Die Drehung erfolgt schneller, als es nach Rechnungen im Rahmen der Newtonschen Gravitationstheorie unter Berücksichtigung aller Einflüsse zu erwarten ist. Besonders auffällig ist der Unterschied bei Merkur. Der Unterschied zwischen Rechnung (klassisch) und Beobachtung beträgt 43,11″ pro Jahrhundert. Für Venus und Erde sind die entsprechenden Werte 8,4″ und 5,0″ pro Jahrhundert. *Bekanntlich bietet die Perihel-drehung des Merkur eine Möglichkeit zur Prüfung der allgemeinen Relativitätstheorie.* Diese sagt für den Unterschied 43,03″ pro Jahrhundert voraus.

Aufgaben:

1. Um welchen Betrag müßte sich die Masse der Sonne ändern, damit bei gleichbleibendem mittleren Abstand Sonne-Erde das Jahr um a) 1 s, b) 1 d länger oder kürzer würde? Die Masse der Erde kann und die Anwesenheit der übrigen Planeten soll vernachlässigt werden.
2. Wie groß wären die siderischen und synodischen Umlaufszeiten der Planeten, wenn der Sirius mit der Masse von 2,24 Sonnenmassen an die Stelle der Sonne träte, die Abstände der Planeten von der Sonne aber erhalten blieben?
3. Welche Beziehung besteht nach dem 3. Kepler-Gesetz in der ursprünglichen Fassung zwischen dem mittleren Abstand und der mittleren Bahngeschwindigkeit zweier Planeten? Bestimmen Sie die in dieser Beziehung auftretende Konstante für das Sonnensystem!
4. Wie groß ist die Fallbeschleunigung an der Oberfläche der Sonne und der Planeten? Wie groß ist sie auf dem Mond? Wie groß ist sie an der Oberfläche eines weißen Zwerges und eines Neutronensterns, wenn beide Sonnenmasse besitzen? Der Radius des weißen Zwerges sei gleich dem Erdradius, der des Neutronensterns gleich 10 km.
5. Wie groß ist die Geschwindigkeit, mit der sich ein Körper unmittelbar an der Oberfläche eines Planeten, des Mondes, der Sonne, eines weißen Zwerges oder eines Neutronensterns bewegen müßte, um auf einer Kreisbahn zu bleiben (1. kosmische Geschwindigkeit)? Von einer Atmosphäre soll abgesehen werden. Bei den von einer dichten Wolkenhülle umgebenen Planeten ist unter Oberfläche die äußere Wolkenschicht zu verstehen. Die Daten für einen weißen Zwerg und Neutronenstern sind der Aufgabe 4 zu entnehmen.

1.2.5 Gezeiten

Ein *Gravitationsfeld* wird quantitativ durch die Gravitationsfeldstärke g_g beschrieben. Diese ist durch den Quotienten aus der Kraft auf eine Probemasse und diese Probemasse definiert. Die *Gravitationsfeldstärke* hat die gleiche Dimension wie die Beschleunigung. Für das radiale Feld einer punktförmigen Masse m gilt

$$g_g = G \cdot \frac{m}{r^2}. \tag{1.15}$$

Die Gravitationsfeldstärke der Sonne „im Bereich der Erde“ z. B. ist

$$g_{g\odot} = G \cdot \frac{m_\odot}{r^2} = 5{,}93 \cdot 10^{-3}\ \mathrm{m\,s^{-2}} \tag{1.16a}$$

oder

$$g_{g\odot} = 6{,}04 \cdot 10^{-4}\ g. \tag{1.16b}$$

Für den Mond gilt bei Annahme einer mittleren Entfernung von a = 384 400 km

$$g_{g\,mo} = G \cdot \frac{m_{Mo}}{a^2} = 3{,}32 \cdot 10^{-5}\ \mathrm{m\,s^{-2}} \tag{1.17a}$$

oder

$$g_{g\,Mo} = 3{,}38 \cdot 10^{-6}\ g. \tag{1.17b}$$

Schließlich kann man das Verhältnis der Gravitationsfeldstärken der Sonne und des Mondes „im Bereich der Erde" berechnen:

$$\frac{g_{g\odot}}{g_{g\,Mo}} = \frac{5{,}93 \cdot 10^{-3}}{3{,}32 \cdot 10^{-5}} = 179 \qquad (1.18)$$

Erinnert man sich an die allgemein bekannte Tatsache, daß die Gezeiten im wesentlichen durch den Einfluß des Mondes und weit weniger durch den der Sonne bestimmt werden, dann steht man vor zwei Fragen:

1. Warum spielt der Mond die bedeutend größere Rolle (siehe Gl. 1.18)?
2. Wie können die sehr schwachen, zur Erdanziehung hinzukommenden Kräfte eine so große Wirkung hervorrufen (siehe Gln. 1.16b und 1.17b)?

Zur Klärung: Die Erde ist ein ausgedehnter Körper und nicht ein Massenpunkt. Weiter oben wurde der Begriff „im Bereich der Erde" benutzt. Die Gravitationsfelder der Sonne und des Mondes sind radial und damit inhomogen. Das hat zur Folge, daß auf gleich große Probemassen an *verschiedenen Orten auf der Erde unterschiedliche Gravitationskräfte* durch die Sonne oder den Mond ausgeübt werden. In Bild 1.12, das sich auf das System Erde-Mond bezieht, sei Z das Zentrum, in dem man sich die Masse des Mondes vereinigt denken kann, E der Mittelpunkt der Erde, R ihr Radius und S der Massenmittelpunkt des Systems. ZE ist mit a bezeichnet.

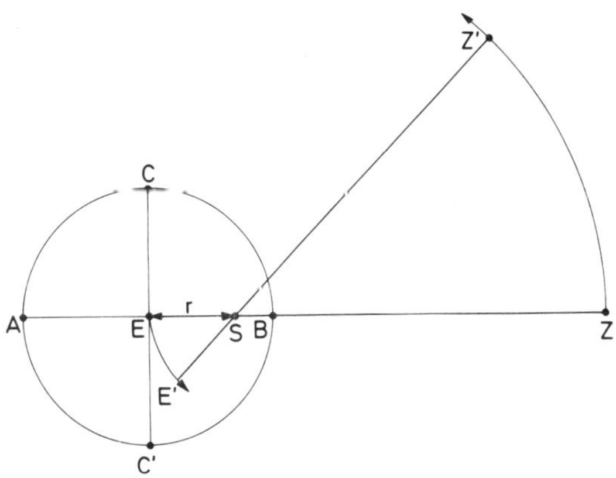

Bild 1.12

Dann gilt allein für E die Gleichung

$$G\,\frac{m_{Mo}}{a^2} = \frac{4\,\pi^2 \cdot r}{T^2},$$

wenn r der Abstand zwischen E und S ist. r berechnet sich zu 4671 km $\approx \frac{3}{4}$ R. Der Massenmittelpunkt liegt also im Inneren der Erde. Die Zentrifugalbeschleunigung

$$a_z = \frac{4\,\pi^2 \cdot r}{T^2}$$

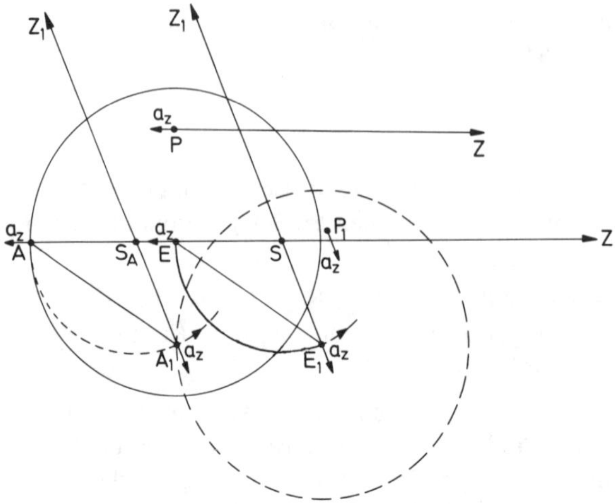

Bild 1.13

ist für alle Punkte der Erde gleich groß, immer von dem anziehenden Gestirn fortgerichtet und parallel zur Verbindungslinie der beiden Massenzentren E und Z. Das geht aus Bild 1.13 hervor. Während E einen Kreis mit dem Radius r um S beschreibt (ausgezogen), beschreibt A einen Kreis mit dem gleichen Radius um S_A (gestrichelt). Entsprechendes gilt für alle Punkte der Erde, ob sie auf der Oberfläche oder im Inneren liegen. Die Umlaufszeit T auf allen Kreisen mit dem Radius r ist gleich einem siderischen Monat: T = 27,322 d. Die Rotation der Erde um ihre Achse spielt bei diesen Betrachtungen keine Rolle.

In A bzw. B (Bild 1.12) herrscht die Feldstärke

$$g_g^A = G \cdot \frac{m_{Mo}}{(a+R)^2} \quad \text{bzw.} \quad g_g^B = G \cdot \frac{m_{Mo}}{(a-R)^2}.$$

Zwischen E und A besteht also ein Unterschied in den Feldstärken:

$$\Delta g_g^{AE} = G \cdot \frac{m_{Mo}}{(a+R)^2} - G \cdot \frac{m_{Mo}}{a^2} = -\,Gm_{Mo} \cdot \frac{2\,aR + R^2}{(a+R)^2 \cdot a^2}. \tag{1.19a}$$

Für den Unterschied der Feldstärken in E und B gilt entsprechend:

$$\Delta g_g^{BE} = G \cdot \frac{m_{Mo}}{(a-R)^2} - G \cdot \frac{m_{Mo}}{a^2} = +\,Gm_{Mo} \cdot \frac{2\,aR - R^2}{(a-R)^2 \cdot a^2}. \tag{1.19b}$$

Vernachlässigt man in beiden Fällen im Zähler R^2 gegen 2 aR und im Nenner R gegen a, so erhält man für die Differenz in den Punkten E und A

$$\Delta g_g^{AE} = -\,2\,Gm_{Mo} \cdot \frac{R}{a^3} \tag{1.20a}$$

und für die Differenz in den Punkten E und B

$$\Delta g_g^{BE} = +\,2\,Gm_{Mo} \cdot \frac{R}{a^3}. \tag{1.20b}$$

In A und B herrscht also zwischen der Radialkraft (Gravitationskraft) und der Zentrifugalkraft kein Gleichgewicht. Auf eine Probemasse μ in B wirkt die Kraft $+2\,Gm_{Mo}\,\mu\cdot\frac{R}{a^3}$ in Richtung auf Z, in A eine Kraft der gleichen Größe in entgegengesetzter Richtung. (Überlegungen für C und C′ werden später durchgeführt.)

Rechnet man die durch den Mond hervorgerufenen *Differenzkräfte* aus, so erhält man

$$\Delta F_{Mo} = 2\cdot 6{,}673\cdot 10^{-11}\cdot 7{,}35\cdot 10^{22}\cdot\frac{6{,}37\cdot 10^6}{(3{,}844\cdot 10^8)^3}\mu N = 1{,}1\cdot 10^{-6}\,\mu N, \qquad (1.21)$$

wenn μ in kg gemessen wird.
Für die durch die Sonne hervorgerufenen *Differenzkräfte* erhält man

$$\Delta F_{\odot} = 5{,}1\cdot 10^{-7}\,\mu N. \qquad (1.22)$$

Jetzt wird deutlich, warum bei den Gezeiten der Mond die entscheidende Rolle spielt. Vergleicht man den Einfluß des Mondes mit dem der Sonne, so erhält man

$$\frac{\Delta F_{Mo}}{\Delta F_{\odot}} = 2{,}18. \qquad (1.23)$$

Die Differenzkräfte, die durch den Mond ausgeübt werden, sind also rund 2,2 mal so groß wie die der Sonne.

Für die Punkte C und C′ entnimmt man aus Bild 1.14, daß die Komponenten der Gravitationsbeschleunigung parallel zu EZ durch die Zentrifugalbeschleunigung ausgeglichen werden und daß Komponenten in Richtung E übrigbleiben. Für die Beschleunigung (Feldstärke) in Richtung CZ bzw. C′Z gilt

$$G\cdot\frac{m_{Mo}}{a^2+R^2}.$$

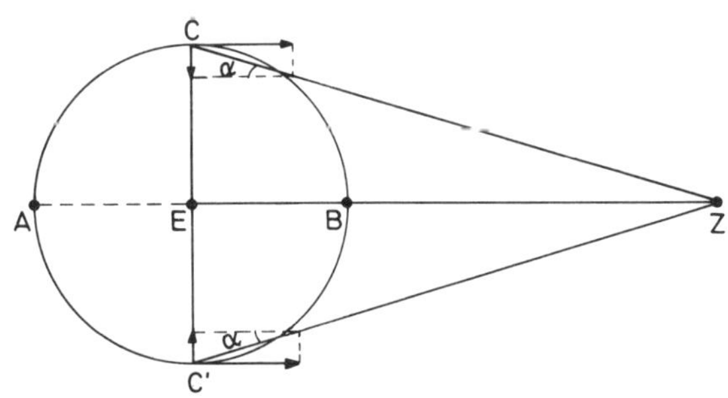

Bild 1.14

Die Komponenten in Richtung CE bzw. C′E haben die gleichen Beträge. Für sie entnimmt man dem Bild 1.14

$$g_g^{CE} = G\cdot\frac{m_{Mo}}{a^2+R^2}\cdot\sin\alpha = G\cdot\frac{m_{Mo}}{a^2+R^2}\cdot\frac{R}{\sqrt{a^2+R^2}} = G\cdot\frac{m_{Mo}\,R}{\sqrt{(a^2+R^2)^3}} \qquad (1.24a)$$

$$g_g^{CE} = g_g^{C'E} \approx Gm_{Mo}\cdot\frac{R}{a^3}. \qquad (1.24b)$$

Für alle anderen Punkte auf der Erdoberfläche ist die Rechnung komplizierter (siehe z. B. *Walter Kertz*,„Einführung in die Geophysik I", Hochschultaschenbücher BI 275/275a).

Für die geographische Breite φ erhält man in erster Annäherung für die Komponenten in Richtung zum Erdmittelpunkt und parallel zur Erdoberfläche (wenn man wieder Kräfte auf die Probemasse μ betrachtet)

$$F_R \approx \frac{3}{2} \cdot G m_{Mo} \cdot \mu \frac{R}{a^3} \left(\cos(2\varphi) + \frac{1}{3}\right) \tag{1.25a}$$

$$F_\varphi \approx \frac{3}{2} \cdot G m_{Mo} \cdot \mu \frac{R}{a^3} \cdot \sin(2\varphi). \tag{1.25b}$$

Für $\varphi = \pm 45°$ ergibt sich z. B.

$$F_R \approx \frac{1}{2} \cdot G m_{Mo} \cdot \mu \frac{R}{a^3} \tag{1.26a}$$

$$F_\varphi \approx \mp \frac{3}{2} \cdot G m_{Mo} \cdot \mu \frac{R}{a^3}. \tag{1.26b}$$

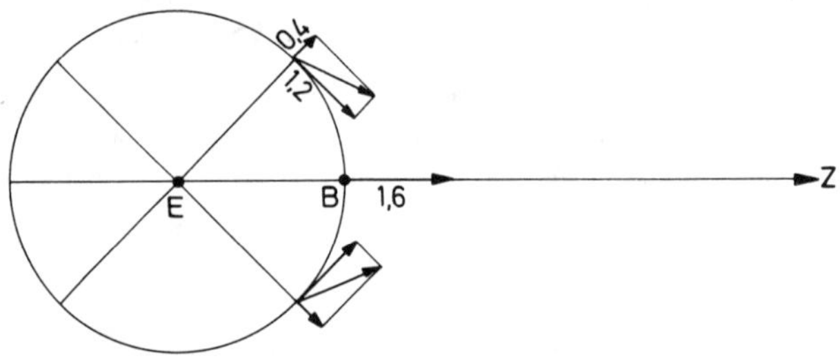

Bild 1.15

In Bild 1.15 sind diese Kräfte und ihre Resultierenden im gleichen Maßstab dargestellt wie die Kraft im Punkt B.

Bild 1.16 gibt eine Übersicht über die Flutkräfte auf der Erdhalbkugel, die dem Mond zugewandt ist. In Wirklichkeit überlagern sich die vom Mond und von der Sonne hervorgerufenen Gezeiten. Bild 1.17 vermittelt in einem Ausschnitt die Folgen dieser Überlagerung. Die resultierenden Flutberge sind nicht genau zum Mond hin bzw. von ihm fortgerichtet. Die Erde nimmt bei ihrer Rotation infolge der vorhandenen Reibung die Wassermassen ein wenig mit.

Aus dieser Tatsache kann man schon rein qualitativ eine interessante Folgerung ableiten. Prinzipiell, wenn auch sehr vergröbert, gibt Bild 1.18 die Verhältnisse wieder.

Der Mond braucht länger für einen Umlauf um die Erde als die Erde für eine Rotation. Der Mond bleibt also hinter den Flutbergen zurück. Die in den Flutbergen enthaltenen Massen m_1 und m_2 wirken auf den Mond: m_1 beschleunigend, m_2 verzögernd. Die Wirkung von m_1 ist größer, da der Abstand kleiner ist. Die Bahngeschwindigkeit des Mondes wächst also. Dadurch wächst auch sein Abstand von der Erde. Nun wirkt natürlich auch

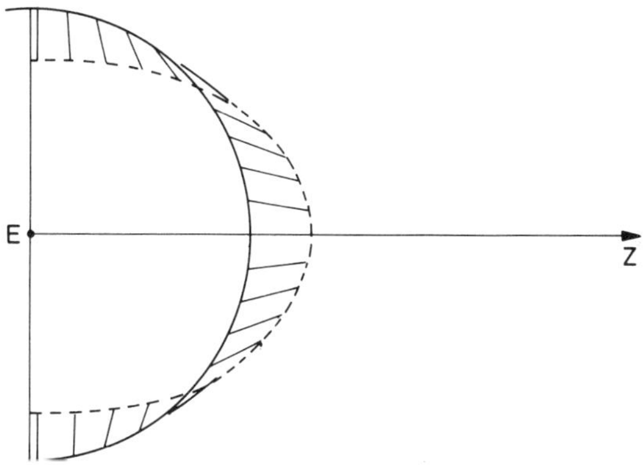

Bild 1.16

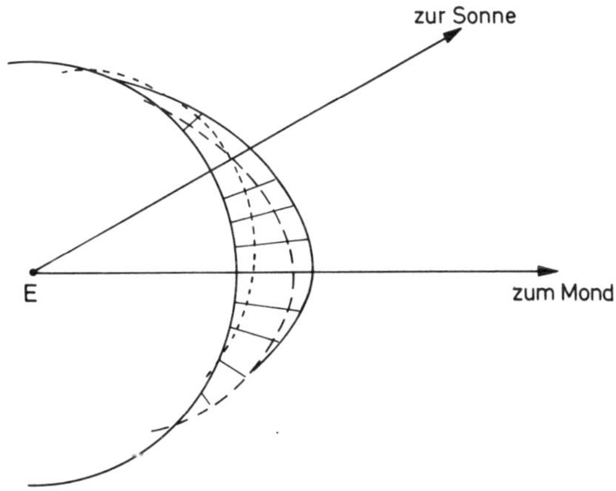

Bild 1.17

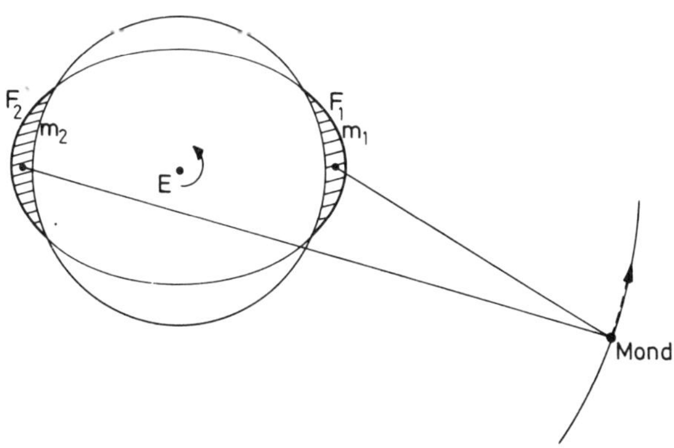

Bild 1.18

der Mond auf die Massen m_1 und m_2. Er sucht m_1 zurückzuhalten und m_2 vorwärts zu treiben. Dadurch wird die Rotation der Erde gebremst (*säkulare Verlängerung des Tages*). Eine quantitative Betrachtung dieses Problems folgt unter Benutzung des Satzes von der Erhaltung des Drehimpulses in Abschnitt 2.2.5.

Bei Vollmond und Neumond wirken die Flutkräfte von Mond und Sonne in gleicher Richtung. Es kommt zu einer *Springflut.* Während des ersten und letzten Viertels wirken die Flutkräfte in entgegengesetzter Richtung. Man beobachtet eine *Nippflut.* Die Flutkräfte von Mond und Sonne verhalten sich wie 2,2 : 1. Vergleicht man Springflut mit Nippflut, so bekommt man das Verhältnis

$$(2{,}2 + 1) : (2{,}2 - 1) = 2{,}\overline{6} = 8 : 3.$$

Die Existenz der zwei Flutberge ist durch die bisherigen Überlegungen geklärt. Es bleibt aber die Frage, auf welche Weise eine im Verhältnis zur Erdanziehung sehr kleine Kraft so hohe Flutberge erzeugen kann, wie sie an vielen Stellen beobachtet werden. Eine sehr hohe Flut tritt z. B. im Bristolkanal auf. Dort kann der Höhenunterschied zwischen Hoch- und Niedrigwasser – Gezeitenhub – bis zu 12 m betragen. Bei St. Malo in Nordfrankreich mündet die Rance. In diesen Fluß strömen bei Flut bis zu 18 000 m^3 Wasser in einer Sekunde. Das führt zu einem Höhenunterschied von 13,5 m zwischen Ebbe und Flut. Die dabei auftretenden Energien werden in einem 1966 fertiggestellten Gezeitenkraftwerk zum Teil genutzt.

Aus den Bildern 1.14 und 1.15 geht hervor, daß die Gezeitenkräfte immer eine Horizontal- und eine Vertikalkomponente haben. In den Punkten A und B ist die Horizontalkomponente Null. *Die Vertikalkomponente ruft eine elastische Verformung der Erde hervor.* Die feste Erdoberfläche wird bis zu 26 cm gehoben und bis zu 13 cm gesenkt. Die vertikale Komponente der Gezeitenbeschleunigung kann als variabler Teil der Erdbeschleunigung betrachtet werden. Diese Variation kann trotz ihrer Kleinheit gemessen werden. Dazu kann z. B. der Unterschied im Gang einer Pendel- und einer Quarzuhr benutzt werden. Mit einem von den Askania-Werken entwickelten Gravimeter lassen sich noch Änderungen bis hinab zu 10^{-7} m s^{-2} messen. Aus Gl. 1.21 geht hervor, daß die Änderung der Erdbeschleunigung durch die Gezeiten etwa 10^{-6} m s^{-2} beträgt. Eine Änderung dieser Größe tritt auch dann ein, wenn man das Meßgerät (Gravimeter) um 32,5 cm hebt.

Herleitung:

$$g = G \cdot \frac{m_E}{R^2}$$

$$\Delta g = -2\,G \cdot \frac{m_E}{R^3} \cdot \Delta R$$

$$\Delta R = -\frac{R^3}{2\,Gm_E} \cdot \Delta g$$

$$\Delta R = -\frac{(6{,}37 \cdot 10^6)^3}{2 \cdot 6{,}673 \cdot 10^{-11} \cdot 5{,}976 \cdot 10^{24}} (-1{,}0 \cdot 10^{-6})\,\text{m}$$

$$\Delta R \approx +0{,}324\ \text{m}.$$

Für die Flutberge sind die Horizontalkomponenten der Gezeitenkräfte verantwortlich. Das Wasser wird nicht durch die Vertikalkomponenten gehoben. Dafür sind diese zu schwach. Das Wasser wird durch die Horizontalkomponenten geschoben. Dabei entwickeln sich beachtenswerte Strömungsgeschwindigkeiten. Sie können an der Oberfläche der Meere bis zu 15 km/h betragen.

Bei den bisherigen Überlegungen ist eine Reihe von Faktoren nicht berücksichtigt worden, die schließlich zu der sehr komplizierten Erscheinung von Ebbe und Flut führen: innere Reibung des Wassers, Reibung zwischen Wasser und Meeresboden, Meeresströmungen, Meerengen und Verlauf der Küste, Trägheits- und Corioliskräfte und Resonanzerscheinungen.

Die Horizontalkomponenten bewirken auch eine Lotabweichung. Trotz ihrer Kleinheit ist diese heute meßbar. Der maximale Winkel zwischen der ungestörten und der gestörten Erdbeschleunigung beträgt 0,02 Bogensekunden. Bei einem Pendel von 1 m Länge entspricht das einer am Ende des Pendels gemessenen Ablenkung von 10^{-7} m. Mit einem äußerst empfindlichen Gerät lassen sich noch Abweichungen von 10^{-9} m = 1 nm messen.

Auch *die Lufthülle der Erde steht unter dem Einfluß der Gezeitenkräfte.* Die vom Mond verursachten Druckschwankungen betragen im günstigsten Fall ($\varphi = 0°$) etwa $3{,}2 \cdot 10^{-2}$ mbar = 3,2 Pa. Die unperiodischen Druckschwankungen, die bei Wetterveränderungen auftreten, liegen in der Größenordnung von 20 mbar = $2 \cdot 10^3$ Pa, sind also über 600 mal so groß wie die periodischen, durch den Mond verursachten Schwankungen. Man kann die unperiodischen Schwankungen als Rauschen, die periodischen als das gesuchte Signal bezeichnen. Auf den ersten Blick scheint es unmöglich, Signal und Rauschen zu trennen. Und doch ist es *S. Chapman* 1918 gelungen, aus einer 64-jährigen Beobachtungsreihe für Greenwich die durch den Mond verursachte Druckschwankung nachzuweisen. Es ergab sich eine Amplitude von $1{,}3 \cdot 10^{-2}$ mbar = 1,3 Pa.

Bemerkungen:

1. Die erste Theorie der Gezeiten stammt von *Laplace* (1749–1827).
2. Es gibt periodische Druckschwankungen in der Atmosphäre, die 10 mal so stark sind wie die vom Mond hervorgerufenen. Sie werden von der Sonne verursacht, sind aber nicht auf Gezeitenkräfte zurückzuführen.
3. Über die Gezeitenreibung wird im Zusammenhang mit dem Drehimpuls gesprochen.

Aufgabe:

Wie verhalten sich die fluterzeugenden Kräfte des Mondes zueinander, wenn der Mond einmal im Perigäum seiner Bahn – a = 356 400 km –, ein anderes Mal im Apogäum – a = 406 700 km – steht?

1.2.6 Die Ringe des Saturns

Mit den in Abschnitt 1.2.5 gewonnenen Erkenntnissen ist es leicht zu verstehen, wie die Saturnringe entstanden sein können.

Der erste, der die Ringe des Saturns gesehen hat, war *Galilei* (1610). Er hat ihre wahre Natur aber nicht erkannt. Damals schrieb er: „Ich habe den äußersten Planeten dreifach gesehen". Er meinte, der Planet sehe aus wie eine Kugel, die auf beiden Seiten von zwei kleineren Kugeln berührt werde: „Wie zwei Diener, die einen alten Herrn stützen."
1612 war der Ring nicht zu sehen. Die Erde stand in der Ringebene, und der Ring ist

weniger als 20 km dick. Galilei wunderte sich: „Was soll man über eine derartig seltsame Metamorphose sagen? Hat der Saturn vielleicht seine eigenen Kinder verschlungen?"
Erst *Chr. Huygens* erkannte im Jahr 1656 die wahre Natur der Ringe. Um sich die Priorität seiner Erkenntnis zu sichern, verschlüsselte er diese zunächst in einem Anagramm. Richtig gelesen lautet dieses: *„Saturn wird von einem dünnen, ebenen, nirgends mit dem Planeten zusammenhängenden, gegen die Ekliptik geneigten Ring umgeben."* In Wirklichkeit handelt es sich um ein System mehrerer Ringe. Gesichert ist die Existenz von vier Ringen. Sie werden von außen nach innen mit A, B, C und D[1]) bezeichnet. Der C-Ring wird auch Flor- oder Krepp-Ring genannt.

Hier eine Übersicht über die Abmessungen der Ringe:

A-Ring:	äußerer Durchmesser:	278 000 km
	innerer Durchmesser:	240 000 km
B-Ring:	äußerer Durchmesser:	234 000 km
	innerer Durchmesser:	178 000 km
C-Ring:	äußerer Durchmesser:	178 000 km
	innerer Durchmesser:	144 000 km

Der B-Ring ist der hellste der drei Ringe. Zwischen dem A-Ring und dem B-Ring liegt die dunkle Cassinische Teilung, die 1675 von *Cassini* entdeckt worden ist.

Breite der Cassinischen Teilung:	3 000 km
Äquatordurchmesser des Saturns:	120 670 km

Die Dicke der Ringe ist sicher kleiner als 20 km, wahrscheinlich kleiner als 15 km.

Die Masse des Ringsystems liegt schätzungsweise zwischen 10^{-5} und 10^{-4} Saturnmassen, d.h. zwischen $5{,}7 \cdot 10^{21}$ kg und $5{,}7 \cdot 10^{22}$ kg. Sie ist im maximalen Fall also fast so groß wie die Masse des Erdmondes ($7{,}35 \cdot 10^{22}$ kg).

Die Saturnringe bestehen aus einem Schwarm einzelner Partikel, von denen jedes den Planeten nach den Keplerschen Gesetzen umläuft. Die Ringe können weder feste noch flüssige Gebilde sein. Das ist aus physikalischen Gründen unmöglich. Eine Erörterung dieser Fragen kann im Rahmen dieses Buches nicht durchgeführt werden. Wenn die Ringe aus sehr vielen Einzelteilchen bestehen, dann müssen die äußeren eine geringere Bahngeschwindigkeit haben als die inneren. Diese Tatsache läßt sich mit Hilfe des Doppler-Effekts nachweisen (siehe Kapitel 4, Seite 86). Der Nachweis ist erstmals dem amerikanischen Astronomen *J. E. Keeler* im Jahre 1895 geglückt. Im übrigen wurde die heute bekannte und gesicherte Ansicht über die Beschaffenheit der Ringe schon früh geäußert. Cassini z. B. zog die Möglichkeit einer großen Anzahl unabhängiger Teilchen in Betracht, und in einem „Lehrbuch einer für Schulen faßlichen Naturlehre" aus dem Jahre 1796 findet man den Satz: *„Man hält den Ring des Saturns für eine Menge nahe beieinander befindlicher Saturntrabanten."*

---

[1]) Der D-Ring wurde schon 1970 von *P. Guérin*, Paris, vermutet. Seine Existenz wurde 1976 durch denselben Forscher sichergestellt. Während die Ringe B und C ineinander übergehen, scheint zwischen den Ringen C und D eine Lücke oder Teilung zu bestehen.

Über die Größe der Teilchen gibt es verschiedene Ansichten. Zweifellos sind nicht alle Teilchen gleich groß. Nach einer Vorstellung liegt der Hauptanteil bei – wahrscheinlich – eisüberkrusteten Staubteilchen, nach einer anderen bei großen Felsstücken mit Abmessungen von vielleicht 100 m oder einigen 100 m. *Radarmessungen mit 12,5 cm Wellen (Ende 1972/Anfang 1973) lassen es als wahrscheinlich erscheinen, daß der Hauptanteil der Teilchen aus Brocken von 1 m bis zu einigen Metern besteht.*

Eine Theorie zur Entstehung der Saturnringe. Man denke sich einen Mond mit dem Radius r, der eine Kreisbahn mit dem Radius a um den Saturn beschreibt. Der Mond soll eine gebundene Rotation besitzen, d.h. er soll dem Planeten immer dieselbe Seite zuwenden, wie es z. B. beim Erdmond der Fall ist. Die differentiellen Gravitationskräfte auf eine Masse μ in den Punkten A und B betragen

$$\pm 2 \cdot G m_{\saturn} \cdot \frac{\mu \cdot r}{a^3} \qquad \text{(siehe Gl. (1.20a/b), Seite 26).}$$

Für irgendeinen Punkt auf der Verbindungslinie von A und B, der sich im Abstand ρ vom Mittelpunkt M des Mondes befindet, gilt entsprechend

$$\pm 2 \cdot G m_{\saturn} \cdot \frac{\mu \cdot \rho}{a^3} \qquad \text{(siehe Abb. 1.19).}$$

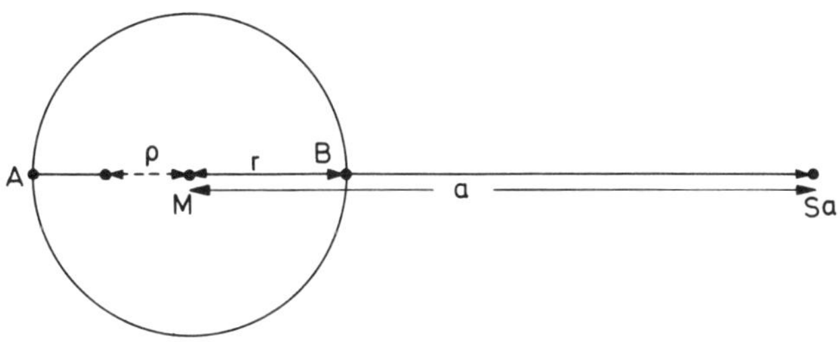

Bild 1.19

Für den Mittelpunkt des Mondes gilt die Beziehung

$$G \cdot \frac{m_{\saturn} \cdot \mu}{a^2} = \frac{4\pi^2 \mu \cdot a}{T^2}. \tag{1.27}$$

In A ist die Gravitationskraft auf eine Masse μ um $2 \cdot G \frac{m_{\saturn} \mu r}{a^3}$ kleiner, die Zentrifugalkraft bei gebundener Rotation aber um $G \cdot \frac{m_{\saturn} \mu r}{a^3}$ größer als die in Gl. (1.27) auf der rechten Seite angegebene. Das letztere ergibt sich folgendermaßen: In A herrscht die Zentrifugalkraft

$$\frac{4\pi^2 \mu (a + r)}{T^2} = \frac{4\pi^2 \mu a}{T^2} + \frac{4\pi^2 \mu r}{T^2}. \tag{1.28}$$

In dem zweiten Glied kann man nach Gl. (1.27) $\frac{4\pi^2 \mu}{T^2}$ durch $G \cdot \frac{m_♄ \mu}{a^3}$ ersetzen. Man erhält dann für den Betrag, um den die Zentrifugalkraft in A gegenüber der im Mittelpunkt vergrößert ist, den Ausdruck

$$G \cdot \frac{m_♄ \mu r}{a^3}.$$

Insgesamt tritt also in A die Kraft

$$-3\,G \cdot \frac{m_♄ \mu r}{a^3} \tag{1.29a}$$

auf, die vom Saturn fortgerichtet ist. Entsprechend erhält man für B

$$+3\,G \cdot \frac{m_♄ \mu r}{a^3}, \tag{1.29b}$$

d.h. eine Kraft, die zum Saturn hingerichtet ist. Für Punkte auf AB im Abstand ρ vom Mittelpunkt gilt

$$\pm 3\,G \cdot \frac{m_♄ \cdot \mu \cdot \rho}{a^3}. \tag{1.29c}$$

Diesen zerrenden Kräften stehen die Kräfte des inneren Zusammenhangs entgegen. Das sind die Kohäsionskräfte und die Eigengravitation, d.i. die Anziehungskraft, die jeder Teil des Mondes auf jeden anderen ausübt. In Kapitel 3 wird gezeigt, wie man zu Aussagen über die Oberflächentemperatur eines Planeten oder eines seiner Monde kommen kann. Für die Saturnmonde werden maximale Temperaturen zwischen 88 K und 122 K angegeben (Landolt-Börnstein). Besitzen Körper nicht nur an der Oberfläche, sondern auch im Inneren Temperaturen in diesem Bereich, dann können sie schon bei geringen Beanspruchungen zerfallen (siehe Versuche mit Gegenständen, die auf die Temperatur flüssiger Luft abgekühlt worden sind). Sieht man aus diesem Grunde in erster Annäherung von den Kohäsionskräften ab, dann erhält man ein verhältnismäßig einfaches Problem. Man kann sich statt eines Mondes eine kugelförmige Anhäufung vieler einzelner Teile vorstellen. Es soll aber weiterhin der Kürze wegen von einem Mond gesprochen werden.

m sei die Gesamtmasse des Mondes. Dann übt der Mond auf eine Masse μ in A oder B die Anziehung $G \cdot \frac{m \cdot \mu}{r^2}$ aus. Der Einfachheit halber sei angenommen, daß die Dichte des Mondes homogen ist. Dann ist die zum Mittelpunkt hingerichtete Kraft auf eine Masse μ im Abstand ρ vom Mittelpunkt $G \cdot \frac{m \cdot \mu \cdot \rho}{r^3}$.

Herleitung dieser Beziehung:

Auf eine Masse μ im Abstand ρ vom Mittelpunkt wirkt nur die Masse m_ρ, die sich innerhalb der Kugel mit dem Radius ρ befindet, während sich die Kräfte aller Massenelemente in der äußeren Kugelschale aufheben. Für die Masse m_ρ gilt

$$\frac{m_\rho}{m} = \frac{\rho^3}{r^3} \quad \text{oder} \quad m_\rho = \frac{\rho^3}{r^3} \cdot m.$$

Damit erhält man

$$G \cdot \frac{m_\rho \cdot \mu}{\rho^2} = G \cdot \frac{m\,\rho^3 \cdot \mu}{\rho^2\,r^3} = G \cdot \frac{m\,\mu\,\rho}{r^3}.$$

Vergleicht man die nach außen wirkenden Kräfte mit denen, die für den Zusammenhalt der kugelförmigen Ansammlung von Teilchen verantwortlich sind, so kommt man zu der *Stabilitätsbedingung*

$$G \cdot \frac{m \cdot \mu}{r^2} \geqslant 3\,G \cdot \frac{m_♄ \cdot \mu \cdot r}{a^3} \tag{1.30a}$$

bzw.

$$G \cdot \frac{m \cdot \mu \cdot \rho}{r^3} \geqslant 3\,G \cdot \frac{m_♄ \cdot \mu \cdot \rho}{a^3}. \tag{1.30b}$$

Aus beiden Beziehungen folgt

$$a \geqslant r \cdot \sqrt[3]{3 \cdot \frac{m_♄}{m}}. \tag{1.31}$$

Dieser Bedingung kann man eine etwas andere Form geben, wenn man die mittlere Dichte des Saturns $\bar{\rho}_♄$ und die des Mondes $\bar{\rho}$ einführt:

$$a \geqslant R \cdot \sqrt[3]{3 \cdot \frac{\bar{\rho}_♄}{\bar{\rho}}}. \tag{1.32a}$$

R ist der Radius des Saturns. Der Radius des Mondes fällt heraus.

$$a \geqslant 1{,}44 \cdot R \cdot \sqrt[3]{\frac{\bar{\rho}_♄}{\bar{\rho}}}. \tag{1.32b}$$

Exaktere Überlegungen, die u. a. die Deformation des umlaufenden Körpers berücksichtigen, führen zu dem Faktor 2,45 statt 1,44.

Bezeichnet man allgemein die mittlere Dichte eines zentralen Körpers mit $\bar{\rho}$, die eines umlaufenden mit $\bar{\rho}'$, so gilt – nicht nur für den Saturn –

$$a \geqslant 2{,}45 \cdot R \cdot \sqrt[3]{\frac{\bar{\rho}}{\bar{\rho}'}}. \tag{1.33}$$

Die Entfernung $a = 2{,}45 \cdot R \cdot \sqrt[3]{\frac{\bar{\rho}}{\bar{\rho}'}}$ nennt man die *Rochesche Grenze.*

Man erkennt also, daß ein Mond, der wegen der tiefen Temperaturen keine (wesentlichen) Kohäsionskräfte besitzt, zerrissen wird, wenn er dem Planeten zu nahe kommt. Eine Rochesche Grenze gibt es natürlich in der Umgebung eines jeden Körpers, der von einem anderen umlaufen wird.

Für die Saturnmonde werden Dichten zwischen 0,7 g cm^{-3} und 2,7 g cm^{-3} angegeben. Nimmt man an, daß der „ehemalige Mond", aus dem die Saturnringe entstanden sind, einen Durchmesser von 3 000 km und eine mittlere Dichte von 2,5 g cm^{-3} hatte, dann kommt man zu einer Masse von $3{,}5 \cdot 10^{22}$ kg, die in den für die Saturnringe geschätzten Grenzen liegt. Für den Abstand vom Mittelpunkt des Saturns, der nicht unterschritten werden darf, wenn der angenommene Mond nicht zerrissen werden soll, ergibt sich nach Gl. (1.31)

$$a = 1{,}5 \cdot 10^6 \sqrt[3]{3 \cdot \frac{5{,}7 \cdot 10^{26}}{3{,}5 \cdot 10^{22}}}\ \mathrm{m} \approx 5{,}5 \cdot 10^7\ \mathrm{m} = 5{,}5 \cdot 10^4\ \mathrm{km}$$

und nach der Gl. (1.33)

$$a = 2{,}45 \cdot 6{,}03 \cdot 10^7 \sqrt[3]{\frac{0{,}7}{2{,}5}}\ \mathrm{m} \approx 9{,}7 \cdot 10^7\ \mathrm{m} = 9{,}7 \cdot 10^4\ \mathrm{km}.$$

Der äußere Ringhalbmesser ist $1{,}4 \cdot 10^5$ km!

Mimas bewegt sich in einer Bahn mit dem Halbmesser $1{,}86 \cdot 10^5$ km.

Die Masse des Mondes Mimas beträgt etwa $6{,}7 \cdot 10^{-8}$ Saturnmassen, sein Halbmesser ungefähr $3 \cdot 10^5$ m. Damit Mimas nicht zerrissen wird, muß sein Abstand vom Saturn der Bedingung

$$a \geqslant 2{,}45 \cdot r \cdot \sqrt[3]{\frac{m_♄}{m}} = 2{,}45 \cdot 3 \cdot 10^5 \sqrt[3]{\frac{1}{6{,}7 \cdot 10^{-8}}}\ \mathrm{m} \approx 1{,}81 \cdot 10^5\ \mathrm{km}$$

genügen. Hier ist die Gl. (1.31) mit dem Faktor 2,45 benutzt worden. Mimas bewegt sich also an der Grenze der Gefahrenzone.

Der Mond Janus, der 1966 von *A. Dollfus* entdeckt wurde, bewegt sich noch innerhalb der Mimasbahn nur wenig außerhalb des A-Rings. Sein Bahnhalbmesser ist 157 500 km. Seine Umlaufszeit beträgt knapp 18 Stunden. 1977 ist ein 11. Mond des Saturns gefunden worden, der auf einer Bahn mit dem Halbmesser 151 300 km den Planeten in 16,65 Stunden umkreist. Janus und der 11. Saturnmond sind vielleicht die größten Körper aus einem weiteren Saturnring, dem E-Ring.

Es ist noch zu überlegen, wieso aus einer kugelförmigen, lockeren Anhäufung von Teilchen ein Ring wird. Der Einfachheit halber stelle man sich vor, daß die Kohäsionskräfte plötzlich aufhören zu wirken. Die Teilchen im Mittelpunkt der Trümmerwolke bewegen sich gerade so schnell, daß die Anziehungskraft des Saturns durch die Zentrifugalkraft aufgehoben wird. Die Teilchen in A bewegen sich bei der angenommenen gebundenen Rotation zu schnell, die in B zu langsam, um im Gleichgewicht mit den Gravitationskräften zu sein. Die Teilchen in A und B werden also Ellipsenbahnen beschreiben. Daß hierdurch im Laufe der Zeit eine Verteilung über einen breiten Ring erfolgt, kann in großen Zügen aus Bild 1.20 entnommen werden. In ihm sind die Bahnen für Teilchen angegeben, die sich ursprünglich in A bzw. B befanden. Hat der Schwerpunkt der Trümmerwolke gerade einen halben Umlauf vollendet, haben Teilchen, die von A und B kommen, die Punkte A′ und B′ erreicht. Die Verteilung auf einen verhältnismäßig dünnen Ring ist nicht so einfach zu erklären.

Man hat auch die Möglichkeit ins Auge gefaßt, daß sich innerhalb der Rocheschen Grenze Materie befand, die sich wegen der differentiellen Kräfte nicht zu einem Körper, wie ein Mond es ist, zusammenballen konnte. In diesem Fall wäre der Saturnring so alt wie das Planetensystem. Es gibt aber Abschätzungen, die ein Alter von weniger als 200 Millionen Jahre liefern.

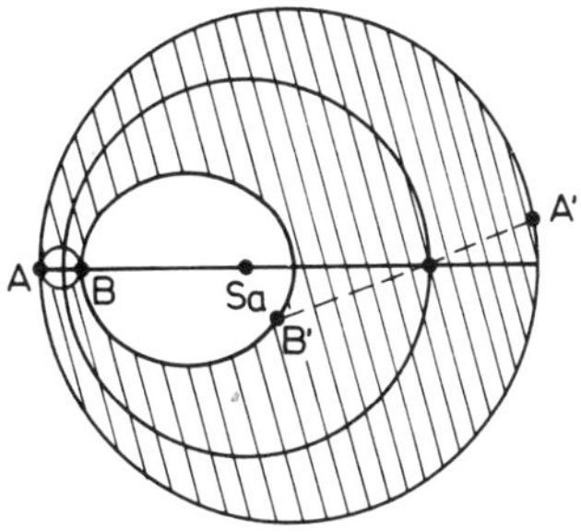

Bild 1.20

Eine Erklärung für die Existenz der Cassinischen Teilung. Sollte sich ein Körper in der Cassinischen Teilung befinden, dann muß er eine bestimmte Umlaufszeit besitzen. Diese berechnet sich aus

$$\frac{4\pi^2 a}{T^2} = G \cdot \frac{m_♄}{a^2}$$

zu

$$T_C = 2\pi\sqrt{\frac{a^3}{G \cdot m_♄}}. \qquad (1.34)$$

Für die inneren Randgebiete der Cassinischen Teilung ist $a = 1{,}17 \cdot 10^8$ m. Damit wird $T_C = 4{,}077 \cdot 10^4$ s = 0,472 d. Vergleicht man diese Zeit mit den Umlaufszeiten einiger Saturnmonde, so ergibt sich die interessante Tabelle 1.12.

Tabelle 1.12

Saturnmond	Umlaufszeit des Mondes T_M	$\frac{T_M}{T_C}$
Mimas	0,942 d	2,0
Enceladus	1,370 d	2,9
Thetis	1,888 d	4,0
Dione	2,737 d	5,8

Körper die aus irgendeinem Grund einmal in die Cassinische Teilung geraten, erfahren also regelmäßig nach zwei Umläufen starke Störungen durch Mimas, nach etwa drei Umläufen durch Enceladus usw. Sie werden dadurch schnell wieder aus dem Bereich der Cassinischen Teilung herausgetrieben.

Auch der Uranus besitzt Ringe. Am 10. März 1977 bedeckte Uranus einen Stern 9. Größe in der Waage. Bei der photometrischen Beobachtung dieser Bedeckung von 5 erdgebundenen und einem fliegenden Observatorium aus wurde festgestellt, daß der Uranus von Ringen umgeben sein muß.

40 min bevor der Stern den Berechnungen nach hinter dem Planeten verschwinden sollte, erlosch sein Licht zuerst für 7 s, dann in den nächsten 9 min noch viermal für etwa 1 s.

Eine halbe Stunde später bedeckte der Planet selbst für rund 25 min den Stern. Und eine halbe Stunde nachdem der Stern wieder aufgetaucht war, wiederholte sich sein 5-maliges kurzzeitiges Verschwinden wie zu Beginn, allerdings in umgekehrter Reihenfolge: zunächst viermal etwa 1 s, dann 7 s.

Man hat aus diesen Beobachtungen folgenden Schluß gezogen:

Uranus ist von einem Ringsystem umgeben. Der äußerste Ring ist etwa 100 km, die 4 anderen sind nur etwa 10 km breit. Der äußere Durchmesser des Ringsystems beträgt 51 000 km, der innere 44 000 km, der Abstand des innersten Rings von der Planetenoberfläche 20 000 km. Die Ringe liegen in der Äquatorebene des Planeten.

1.2.7 Doppelsterne – Massenbestimmung von Sternen

Die Anzahl der Doppel- und Mehrfachsysteme wird mit rund 25 % angegeben. Die Anzahl der Fixsterne, die einem doppelten oder mehrfachen System angehören, ist demnach etwa genau so groß wie die Anzahl der Einzelsterne. Doppelsterne bieten die Möglichkeit, die Massen einiger Fixsterne zu bestimmen. Auch hier braucht man das 3. Kepler-Gesetz in der Newtonschen Fassung. Die Größen, die sich auf einen Stern beziehen, sollen mit * gekennzeichnet werden. Es gilt

$$m_{1*} + m_{2*} = \frac{4\pi^2}{G} \cdot \frac{a_*^3}{T_*^2}. \tag{1.35}$$

Benutzt man für G den Wert $6{,}673 \cdot 10^{-11}\ \mathrm{m^3\,kg^{-1}\,s^{-2}}$, dann muß man a_* in Metern und T_* in Sekunden messen. Man kann sich davon frei machen, wenn man das 3. Kepler-Gesetz für das System Erde-Mond und Sonne hinzuzieht:

$$m_\odot + m_E + m_{Mo} = \frac{4\pi^2}{G} \cdot \frac{a^3}{T^2}. \tag{1.36}$$

Durch Division erhält man

$$\frac{m_{1*} + m_{2*}}{m_\odot + m_E + m} = \left(\frac{a_*}{a}\right)^3 \cdot \left(\frac{T}{T_*}\right)^2. \tag{1.37}$$

Wählt man die astronomische Einheit als Längeneinheit, ein Jahr als Zeiteinheit, die Masse der Sonne als Masseneinheit und vernachlässigt vernünftigerweise die Massen der Erde und des Mondes, so erhält man für Untersuchungen im Bereich der Fixsterne eine einfache Beziehung, die meist in folgender Form geschrieben wird:

$$m_{1*} + m_{2*} = \frac{a_*^3}{T_*^2}. \tag{1.38}$$

Dabei sind alle Größen *dimensionslose Zahlen.* $\frac{a_*^3}{T_*^2}$ *gibt die Maßzahl für die Massensumme eine Doppelsterns in Einheiten der Sonnenmasse an.* Um die Masse eines Doppelsternsystems berechnen zu können, muß man also die mittlere Entfernung der beiden Komponenten in astronomischen Einheiten und ihre Umlaufzeit in Jahren ermitteln. Wenn die Umlaufzeit nicht zu groß ist – oft beträgt sie viele 100 Jahre – kann man sie durch Beobachtung recht genau bestimmen. Aus Bild 1.21 entnimmt man, wie $\frac{a_*}{a}$ bzw. a_* zu ermitteln ist.

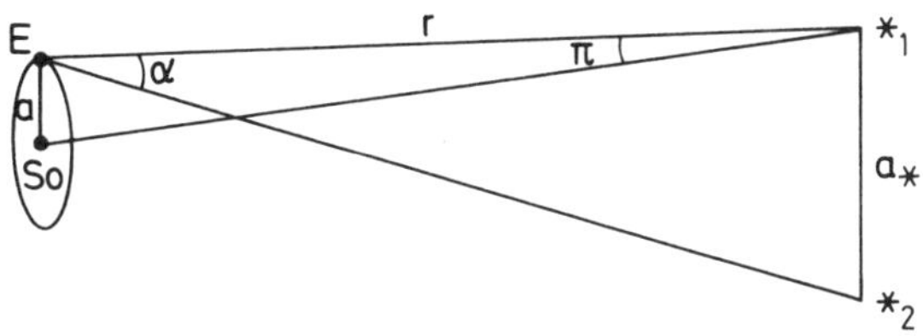

Bild 1.21

Es gilt, wenn r die Entfernung des Doppelsterns von der Erde (oder Sonne) ist:

$$\sin\alpha \approx \alpha = \frac{a_*}{r}; \qquad \alpha'' = 206\,265\,\frac{a_*}{r}\text{[1]} \tag{1.39a}$$

$$\sin\pi \approx \pi = \frac{a}{r}; \qquad \pi'' = 206\,265\,\frac{a}{r}. \tag{1.39b}$$

Schreibt man a_*'' statt α'', so erhält man schließlich

$$\frac{a_*}{a} = \frac{a_*''}{\pi''}. \tag{1.40}$$

Man muß also außer der Distanz der Komponenten in Bogensekunden auch die Parallaxe des Doppelsterns kennen, den Winkel, unter dem vom Stern aus gesehen die Halbachse der Erdbahn erscheint. Die Parallaxe ist ein Maß für die Entfernung eines Sterns. Es gilt

$$r = 206\,265\,\frac{a}{\pi''}. \tag{1.41}$$

Dabei sind r und a in der gleichen Einheit zu messen. *Als Einheit für Entfernungen im Bereich der Fixsterne hat man die Entfernung gewählt, aus der die astronomische Einheit unter dem Winkel von* 1″ *erscheint. Diese Einheit heißt Parsec* (Parallaxen-Sekunde).

Es gilt also

$$1\ \text{pc} = 206\,265\ \text{AE} = 3{,}086 \cdot 10^{16}\ \text{m}.$$

Die größte Parallaxe wurde bisher bei Proxima Centauri mit $\pi'' = 0{,}763''$ gemessen.

Beispiele:

1. η-Cas: $a_*'' = 11{,}99''$; $\pi'' = 0{,}170''$; $T = 480$ a

$$a_* = \frac{11{,}99''}{0{,}17''}\ \text{AE} = 70{,}53\ \text{AE}$$

$$m_{1*} + m_{2*} = \frac{70{,}53^3}{480^2}\ \text{Sonnenmassen} = 1{,}52\ m_\odot$$

---

[1]) 206 265 ist der Umrechnungsfaktor vom Bogenmaß zu Winkelsekunden:

$$\alpha'' = \alpha^\circ \cdot 3\,600 = \frac{180}{\pi} \cdot 3\,600 \cdot \widehat{\alpha}$$

2. Sirius A und B: $a''_* = 7{,}62''$; $\pi'' = 0{,}379''$; $T = 49{,}9$ a

$$a_* = \frac{7{,}62''}{0{,}379''}\ \text{AE} = 20{,}106\ \text{AE}$$

$$m_{1*} + m_{2*} = \frac{20{,}106^3}{49{,}9^2}\ \text{Sonnenmassen} = 3{,}26\ m_\odot$$

Weitere Beispiele können der Tabelle 1.13 entnommen werden.

Tabelle 1.13

Stern	a ''	T a	π ''	$m_{1*} + m_{2*}$ in $m_\odot$
α-Cen	17,66	80,1	0,760	1,96
Procyon	4,55	40,6	0,287	2,41
ξ-Boo	4,88	150	0,148	1,60
γ-And	0,296	55,1	0,013	3,16
α-Gem	6,295	420,07	0,072	3,79
ξ-UMa	2,56	59,74	0,127	2,29

Da π'' mit der 3. Potenz in die Berechnung der Massensumme eingeht, erhält man nur für genügend nahe Sterne einigermaßen genaue Werte. In einer Tabelle findet man für γ-And statt $\pi'' = 0{,}013''$ z. B. den Wert $\pi'' = 0{,}005''$. Damit ergibt sich statt $m_{1*} + m_{2*} = 3{,}16\ m_\odot$ der sehr viel größere Wert $m_{1*} + m_{2*} = 55{,}57\ m_\odot$!

Bei visuellen Doppelsternen können beide Komponenten direkt durch ein Fernrohr oder auf photographischen Platten als getrennte Objekte gesehen werden. Man legt zunächst ein Koordinatensystem so, daß der Nullpunkt mit der helleren Komponente zusammenfällt und stellt die Bewegung der schwächeren Komponente gegen die hellere fest. Dabei ergibt sich eine Ellipse, die die Projektion der wahren Bahn auf eine Ebene senkrecht zur Blickrichtung ist (Bild 1.22). Die wahre Bahn und damit die wahre mittlere Distanz (in Bogensekunden) muß erst noch aus der Projektion gefunden werden. Auf die dazu notwendigen Beobachtungen und Berechnungen soll hier nicht eingegangen werden.

Kann man die Bewegung beider Komponenten um ihren Massenmittelpunkt durch Anschluß an ferne Hintergrundsterne beobachten, dann erhält man neben der Massensumme auch das Massenverhältnis:

$$\frac{m_{1*}}{m_{2*}} = \frac{a''_{2*}}{a''_{1*}} \quad \text{mit } a''_{1*} + a''_{2*} = a''_*. \tag{1.42}$$

Für α-Cen gilt z. B.

$$\frac{m_{1*}}{m_{2*}} = \frac{1{,}18}{1} \quad \text{und damit} \quad m_{1*} = 1{,}06\ m_\odot \quad \text{und} \quad m_{2*} = 0{,}90\ m_\odot.$$

Der „Index cataloque of visual double stars“ vom Lick-Observatorium, enthält alle Doppelsterne, für die bis 1960 Messungen vorlagen. Insgesamt werden 64 246 Systeme aufgeführt. Von etwa 600 Systemen konnten bisher die Bahnen berechnet werden. Eine

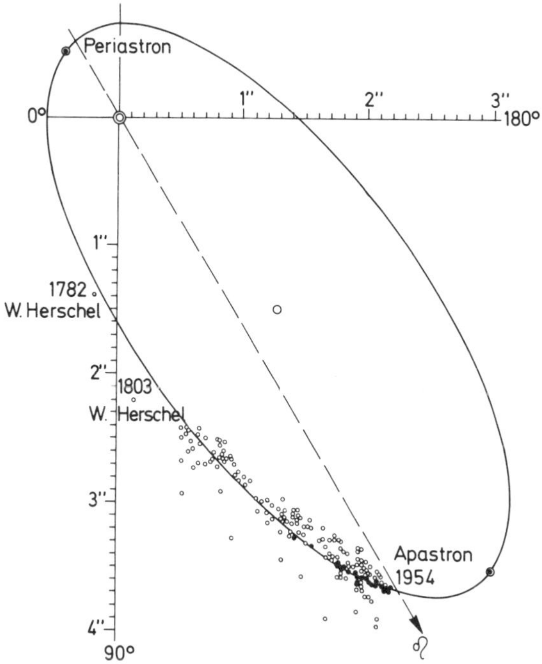

Bild 1.22

Scheinbare Bahn des visuellen Doppelsterns γ im Löwen nach Güntzel-Lingner. Nach photographischen Beobachtungen: Punkte, nach visuellen Beobachtungen: Kreise

einigermaßen genaue Massenbestimmung der Einzelsterne ist nur bei weniger als 50 gelungen. Wirklich gute Werte liegen nur für ein Dutzend Sterne vor.

Weitere und zwar indirekte Methoden zur Massenbestimmung aus der Masse-Leuchtkraftbeziehung können erst später besprochen werden (Seite 80).

1.2.8 Die Masse der Milchstraße (Galaxis)

Das Milchstraßensystem nimmt den Raum einer flachen Scheibe mit einem Durchmesser von etwa 30 kpc ein. Die Sonne ist 10 kpc vom Zentrum entfernt. In Sonnennähe ist die Scheibe rund 1 kpc dick. Die Geschwindigkeit, mit der die Sonne sich um das Zentrum bewegt, ist 250 km s^{-1}. Alle Werte erheben keinen Anspruch auf höchste Genauigkeit. Hier sind die besten zur Zeit bekannten Werte angegeben. Mit ihnen kann man die Masse des Milchstraßensystems abschätzen, genauer die Masse innerhalb der Sonnenbahn. Das aber ist sicher der weitaus größte Teil.

Aus

$$\frac{m_\odot \cdot v^2}{r} = G \cdot \frac{m_\odot \cdot M_{\text{Galaxis}}}{r^2} \tag{1.42}$$

folgt

$$M_{\text{Galaxis}} = \frac{r \cdot v^2}{G} , \tag{1.43a}$$

$$M_{\text{Galaxis}} = \frac{10 \cdot 10^3 \cdot 3{,}09 \cdot 10^{16} \cdot 2{,}5^2 \cdot 10^{10}}{6{,}67 \cdot 10^{-11}} \text{ kg} . \tag{1.43b}$$

$$M_{Galaxis} = 2{,}9 \cdot 10^{41}\ \text{kg}\ ,$$

$$M_{Galaxis} = \frac{2{,}9 \cdot 10^{41}}{2 \cdot 10^{30}}\ m_\odot = 1{,}45 \cdot 10^{11}\ m_\odot\ .$$

Genauere Berechnungen führen zu der gleichen Größenordnung. So wird in Landolt-Börnstein ein Wert von 2,3 ... $2{,}5 \cdot 10^{11}\ m_\odot$ genannt.

1.2.9 Die Dichte einiger Himmelskörper

Bei Kenntnis der Masse und des Durchmessers läßt sich die mittlere Dichte eines kugelförmigen Himmelskörpers berechnen. Ist die Abplattung merklich, dann müssen der äquatoriale und polare Durchmesser bekannt sein. Der Durchmesser läßt sich bestimmen, wenn der scheinbare Durchmesser (etwa in Bogensekunden) und die Entfernung bekannt sind. Der Durchmesser eines nicht selbst leuchtenden Körpers in unserem Sonnensystem kann aber auch aus der scheinbaren Helligkeit, der Entfernung und einem plausiblen Wert für das Rückstrahlvermögen (die Albedo) der Sonnenstrahlung geschätzt werden.

Die Durchmesser der 4 Galileischen Jupitermonde können z. B. durch Mikrometermessungen ermittelt werden. Die Durchmesser der Monde V bis XIV können nur grob aus ihren scheinbaren Helligkeiten geschätzt werden. Der Mond V bietet ein Beispiel für die daraus folgende Unsicherheit. Nimmt man für ihn das gleiche Rückstrahlvermögen wie für die hellen Monde Jo und Europa an, so erhält man als Durchmesser 120 km. Nimmt man das geringere Rückstrahlvermögen von Ganymed und Kallisto an, dann ergibt sich 240 km. Entsprechend unsicher sind bei einigen Monden die mittleren Dichten, während die Massen der Jupitermonde aus gegenseitigen Störungen ziemlich genau bekannt sind.

Beispiele:

Tabelle 1.14

	Durchmesser km	Masse kg	Mittlere Dichte g cm^{-3}
Sonne	$1{,}392 \cdot 10^6$	$1{,}989 \cdot 10^{30}$	1,408
Merkur	4 840	$3{,}302 \cdot 10^{23}$	5,56
Venus	12 228	$4{,}87 \cdot 10^{24}$	5,09
Mars	6 800 6 710	$6{,}44 \cdot 10^{23}$	3,97
Jupiter	143 650 134 870	$1{,}899 \cdot 10^{27}$	1,30
Saturn	120 670 109 110	$5{,}684 \cdot 10^{26}$	0,68
Uranus	47 100	$8{,}676 \cdot 10^{25}$	1,58
Neptun	44 600	$1{,}029 \cdot 10^{26}$	2,22
Pluto	6 400	$6{,}58 \cdot 10^{23}$	4,79

Tabelle 1.15

	Durchmesser km	Masse kg	Mittlere Dichte g cm^{-3}
Erdmond	3 476	$7,35 \cdot 10^{22}$	3,34
Jppiter	Nach Landolt-Börnstein, 1965		
Jo	3 550	$7,2 \cdot 10^{22}$	3,07
Europa	3 100	$4,7 \cdot 10^{22}$	3,01
Ganymed	5 600	$15,5 \cdot 10^{22}$	1,69
Kallisto	5 050	$9,7 \cdot 10^{22}$	1,44
	Nach Daten der Jupitersonden Pioneer 10 und 11, 1976		
Jo	3 636 ± 60	$8,9 \cdot 10^{22}$	3,54 ∓ 0,17
Europa	3 056 ± 50	$4,9 \cdot 10^{22}$	3,26 ∓ 0,15
Ganymed	5 400 ± 50	$14,9 \cdot 10^{22}$	1,81 ∓ 0,05
Kallisto	4 820 ± 60	$10,7 \cdot 10^{22}$	1,82 ∓ 0,07
Saturn			
Titan	4 950	$14,0 \cdot 10^{22}$	2,20
	5 830[1])		1,4[1])
Neptun			
Triton	4 000	$14,0 \cdot 10^{22}$	4,18

[1]) Nach Messungen im März 74 bei der Bedeckung des Saturn und seiner Monde durch den Erdmond.

Tabelle 1.16

Riesensterne	Durchmesser in So-Durchmessern	Masse in So-Massen	Mittlere Dichte g cm^{-3}
Capella α-Aurigae	11	4,2	$2,4 \cdot 10^{-3}$
Arctur α-Bootes	26	8	$6,5 \cdot 10^{-4}$
Beteigeuze α-Orionis	730 ... 1000	15	$5,5 \cdot 10^{-8} \ldots 2,1 \cdot 10^{-8}$
ϵ-Aurigae	1300	42	$2,8 \cdot 10^{-8}$

Tabelle 1.17

Weiße Zwerge	Durchmesser in So-Durchmessern	Masse in So-Massen	Mittlere Dichte g cm^{-3}
Sirius B	0,008	1,02	$3 \cdot 10^{6}$
Procyon B	0,01	0,64	$8,9 \cdot 10^{5}$
Prototyp nach Landolt-Börnstein	0,00924	0,886	$1,59 \cdot 10^{6}$

Bemerkungen:

Zu Tabelle 1.16: Beteigeuze ist ein veränderlicher Stern, halbregelmäßig, mit einer Periode von etwa 2 070 Tagen. Die Helligkeit schwankt zwischen $0{,}4^m$ und $1{,}3^m$, der Radius zwischen den angegebenen Werten.

Zu Tabelle 1.17: Chandrasekhar und *Schwarzschild* haben den inneren Aufbau eines weißen Zwerges berechnet. Dabei haben sie die für den Prototyp angegebenen Werte benutzt. Als zentrale Dichte ergibt sich für diesen Prototyp $1{,}57 \cdot 10^7$ g cm^{-3}. Sie ist nur um eine Zehnerpotenz größer als die mittlere Dichte.

Tabelle 1.18

	Durchmesser km	Masse in So-Massen	Mittlere Dichte g cm^{-3}
Neutronenstern	30 20	1 1	$1{,}4 \cdot 10^{14}$ $4{,}8 \cdot 10^{14}$

Aufgaben:

1. Benutzen Sie die Tabellen 1.16 bis 1.18 zu Übungen!
2. Was für Dichten würden sich für Mars, Jupiter und Saturn ergeben, wenn man fälschlicherweise statt des mittleren Durchmessers den äquatorialen bzw. den polaren Durchmesser benutzen würde? Der mittlere Durchmesser ist gegeben durch $R_M = R_A \sqrt[3]{(1-a)}$, wobei a ein Maß für die Abplattung ist: $a = \dfrac{R_A - R_P}{R_A}$.
3. Die Tabellen 1.19 bis 1.22 geben nach Modellrechnungen eine Vorstellung von der Verteilung der Masse in verschiedenen Sternen. m_r ist die Masse innerhalb der Kugel mit dem Radius r. R ist der Radius des Sterns, m seine gesamte Masse.

   Berechnen Sie die mittlere Dichte in den Kugeln mit den Radien r und in den verschiedenen Kugelschalen. Stellen Sie die Ergebnisse graphisch dar!

Tabelle 1.19: Werte für den anfänglichen Zustand der Sonne. $m = m_\odot$

$\frac{r}{R}$	0,0	0,1	0,2	0,3	0,4	0,5	0,6	0,7	0,8	0,9	1,0
$\frac{m_r}{m}$	0,000	0,052	0,292	0,594	0,805	0,916	0,967	0,988	0,996	0,999	1,000

Tabelle 1.20: Werte für den gegenwärtigen Zustand der Sonne. $m = m_\odot$

$\frac{r}{R}$	0,0	0,1	0,2	0,3	0,4	0,5	0,6	0,7	0,8	0,9	1,0
$\frac{m_r}{m}$	0,0	0,073	0,337	0,626	0,818	0,919	0,967	0,988	0,996	0,999	1,000

Tabelle 1.21: Werte für einen Stern mit $m = 10\ m_\odot$

$\frac{r}{R}$	0,0	0,1	0,2	0,3	0,4	0,5	0,6	0,7	0,8	0,9	1,0
$\frac{m_r}{m}$	0,000	0,025	0,168	0,431	0,694	0,867	0,953	0,988	0,998	1,000	1,000

Tabelle 1.22: Werte für einen weißen Zwerg mit $m = 0{,}886\ m_\odot$, $R = 0{,}00924\ R_\odot$

$\frac{r}{R}$	0,0	0,1	0,2	0,3	0,4	0,5	0,6	0,7	0,8	0,9	1,0
$\frac{m_r}{m}$	0,000	0,010	0,069	0,196	0,373	0,565	0,736	0,860	0,951	0,991	1,000

4. Die Milchstraße (Galaxis) besteht im wesentlichen aus Sternen und Gas. Die Tabelle 1.23 gibt einen Überblick über die mittlere Dichte in der galaktischen Ebene in Abhängigkeit von dem Abstand r vom Zentrum.

   Geben Sie eine graphische Darstellung des Dichteabfalls!

Tabelle 1.23: Abstand der Sonne vom Zentrum ≈ 10 kpc

r (kpc)	0	2,05	4,10	6,15	8,20	10,25	12,30
ρ (10^{-24} g cm^{-3})	200	123	40,9	19,6	6,34	2,11	0,52

2 Potentielle Energie und Drehimpuls

Weitere Kenntnisse aus der Mechanik, wie die der potentiellen Energie im Gravitationsfeld, des Drehimpulses und Drehmoments können zu einer ersten und schon recht tiefen Einsicht in die Entwicklung der Sterne und des Planetensystems führen.

2.1 Notwendige Kenntnisse aus der Physik; Übersicht

Zum Verständnis dieses Kapitels wird vorausgesetzt, daß der Leser mit der potentiellen und kinetischen Energie, mit Impuls und Drehimpuls, mit dem Trägheitsmoment und mit den Erhaltungssätzen vertraut ist.
Die kinetische Energie (der Translation)

$$\frac{1}{2} m v^2 \quad \text{bzw.} \quad \sum_{i=1}^{n} \frac{1}{2} m_i v_i^2,$$

der Impuls $m v$ und die Erhaltungssätze sollen als bekannt vorausgesetzt werden. Die *potentielle Energie im Gravitationsfeld* in der Form

$$E_p = -G \frac{m M}{r}$$

und die Begriffe *Drehimpuls, Drehmoment* und *Trägheitsmoment* sind häufig nicht oder nicht in ausreichendem Maße bekannt. Sie sollen deshalb hier kurz erläutert oder hergeleitet werden.

2.1.1. Potentielle Energie im Gravitationsfeld

Für die Verschiebung einer Masse m um Δr gegen die Gravitation der Masse M benötigt man die Arbeit

$$W = G \frac{m M}{r^2} \Delta r, \quad \text{wenn} \quad \Delta r \ll r \text{ ist.}$$

Bei einer Verschiebung um ein größeres Stück von r_1 bis r_2 benutzt man zur Ermittlung der Arbeit zweckmäßig die Integralrechnung:

$$W = \int_1^2 G \frac{m M}{r^2} dr = G m M \left(\frac{1}{r_1} - \frac{1}{r_2} \right). \tag{2.1}$$

Diese Beziehung läßt sich auch ohne Integralrechnung (allerdings nicht ohne Grenzprozeß) herleiten:

In P_1 (Bild 2.1) herrscht die Anziehungskraft $G \frac{m \cdot M}{r_1^2}$, in P_2 $G \frac{m \cdot M}{r_2^2}$. Es gilt

$$G \frac{m \cdot M}{r_1^2} > G \frac{m \cdot M}{r_2^2}.$$

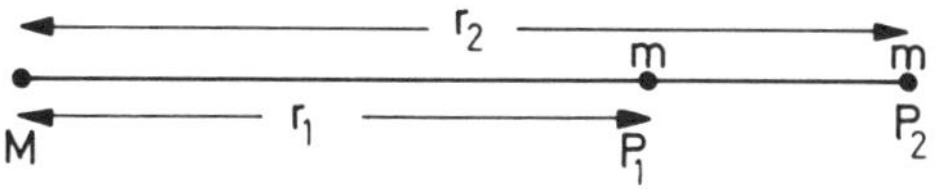

Bild 2.1

Wird die Masse m von P_1 nach P_2 bewegt, so gilt für die zu verrichtende Arbeit W

$$G\frac{m \cdot M}{r_1^2}(r_2 - r_1) > W > G\frac{m \cdot M}{r_2^2}(r_2 - r_1).$$

Dividiert man durch $GmM(r_2 - r_1)$ und multipliziert mit $r_1 \cdot r_2$, so erhält man

$$\frac{r_2}{r_1} > \frac{W \cdot r_1 \cdot r_2}{GmM(r_2 - r_1)} > \frac{r_1}{r_2}.$$

Läßt man r_2 gegen r_1 gehen, ergibt sich

$$\frac{W \cdot r_1 \cdot r_2}{GmM(r_2 - r_1)} = 1 \quad \text{oder} \quad W = GmM\left(\frac{1}{r_1} - \frac{1}{r_2}\right).$$

Natürlich kann man aus der Herleitung nicht schließen, daß diese Beziehung auch für einen endlichen Abstand $r_2 - r_1$ gilt. Man kann sich aber den Weg $r_2 - r_1$ in beliebig viele, beliebig kleine Teilstücke $r'_i - r'_{i-1}$ zerlegt denken (Bild 2.2). Dann gilt:

$$W = GmM\left\{\left(\frac{1}{r'_1} - \frac{1}{r'_2}\right) + \left(\frac{1}{r'_2} - \frac{1}{r'_3}\right) + \left(\frac{1}{r'_3} - \frac{1}{r'_4}\right) + \ldots + \left(\frac{1}{r'_{n-1}} - \frac{1}{r'_n}\right)\right\}.$$

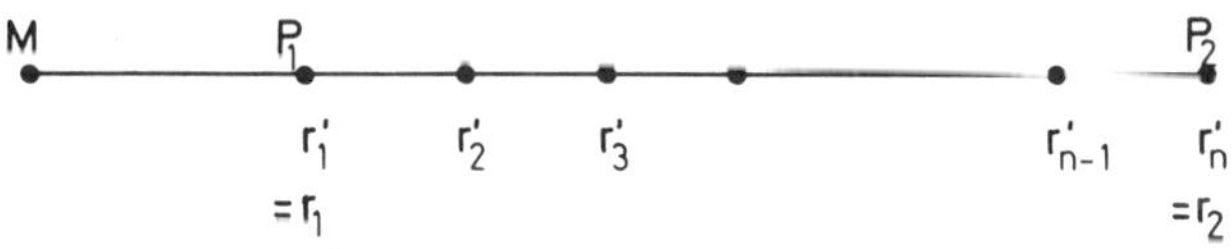

Bild 2.2

In der geschweiften Klammer heben sich alle Glieder bis auf das erste und letzte fort. Mit $r'_1 = r_1$ und $r'_n = r_2$ erhält man dann ohne die Bedingung $r_2 \to r_1$

$$W = GmM\left(\frac{1}{r_1} - \frac{1}{r_2}\right).$$

Diese Arbeit ist als potentielle Energie gespeichert. Es handelt sich um die potentielle Energie eines Körpers, der sich in bezug auf irgendeinen Punkt in der Entfernung r_1 und in der Entfernung r_2 vom Gravitationszentrum befindet. Wählt man den Bezugspunkt im Unendlichen und bezeichnet die Entfernung der Massenmittelpunkte beider Körper mit r, so erhält man für die potentielle Energie

$$E_p = -G\frac{m \cdot M}{r}. \tag{2.2}$$

2.1.2 Drehimpuls, Drehmoment und Trägheitsmoment

Der Drehimpuls wird allgemein mit L bezeichnet. Im 3. Kapitel wird der Buchstabe L, wie es in der Astronomie üblich ist, auch für die Leuchtkraft benutzt. Eine Verwechslung ist nicht möglich, da die beiden Begriffe Drehimpuls und Leuchtkraft in diesem Buch nicht gemeinsam vorkommen.

Man unterscheidet zweckmäßig zwischen dem Bahndrehimpuls eines Massenpunktes und dem Eigendrehimpuls eines ausgedehnten Körpers.

Für den ersten gilt

$$\vec{L} = m\vec{r} \times \vec{v}, \tag{2.3a}$$

wobei $\vec{r}$ der Vektor vom Drehpunkt zum Massenpunkt ist. Bewegt sich der Massenpunkt auf einem Kreis, so ist der Betrag des Drehimpulses $L = m\,r\,v$. Die Richtung des Vektors $\vec{L}$ steht senkrecht auf der Bahnebene. Ersetzt man v durch ωr, dann erhält man

$$L = m\,r^2\,\omega = J\,\omega \tag{2.3b}$$

Hier ist $J = m\,r^2$ das Trägheitsmoment des Massenpunktes in bezug auf den Drehpunkt.

Für den Eigendrehimpuls eines ausgedehnten Körpers gilt

$$\vec{L} = J \cdot \vec{\omega} \quad \text{bzw.} \quad L = J\,\omega. \tag{2.4}$$

Das Trägheitsmoment ist definiert durch

$$J = \int r^2\,dm \quad \left(= \sum_{i=1}^{n} m_i r_i^2 \right). \tag{2.5}$$

Bei den folgenden astronomischen Betrachtungen ist nur das Trägheitsmoment einer homogenen Kugel mit der Masse m und dem Radius r von Interesse. Es sei hier ohne Herleitung mitgeteilt:

$$J_{\text{Kugel}} = \frac{2}{5} m r^2. \tag{2.6}$$

Aus $\vec{L} = m\vec{r} \times \vec{v}$ folgt

$$\frac{d\vec{L}}{dt} = m\vec{v} \times \vec{v} + m\vec{r} \times \frac{d\vec{v}}{dt} = \vec{r} \times m\vec{a} = \vec{r} \times \vec{F}.$$

$\vec{r} \times \vec{F}$ bezeichnet man bekanntlich als Drehmoment $\vec{M}$:

$$\vec{M} = \vec{r} \times \vec{F}.$$

Zwischen $\vec{L}$ und $\vec{M}$ besteht die wichtige Beziehung

$$\frac{d\vec{L}}{dt} = \vec{M}, \tag{2.7}$$

die dem Newtonschen Grundgesetz $\frac{d\vec{p}}{dt} = \vec{F}$ entspricht.

Für Zentralkräfte gilt $\vec{F} = \vec{r}^0 \cdot f(r)$. Dann aber ist $\vec{M} = 0$. Für Zentralkräfte ist also

$$\vec{L} = \text{const.} \tag{2.8}$$

2.2 Astronomische Probleme

2.2.1 Virialsatz, Kreisbahngeschwindigkeit und parabolische Geschwindigkeit

Die Bahngeschwindigkeit eines Körpers, der sich im Abstand r von einem Gravitationszentrum der Masse M auf einem Kreis bewegt, folgt aus der Beziehung

$$\frac{m v_k^2}{r} = G \frac{m M}{r^2}. \tag{2.9a}$$

Folglich ist

$$v_k = \sqrt{G \frac{M}{r}}. \tag{2.9b}$$

Ist r gleich dem Halbmesser eines Gestirns, dann spricht man auch von der *1. kosmischen Geschwindigkeit* in bezug auf dieses Gestirn.

Aufgabe:

1. Berechne die mittlere Geschwindigkeit der Planeten in ihrer Bahn!

Die kinetische Energie des betrachteten Körpers ist

$$E_k = \frac{1}{2} m v_k^2, \tag{2.10a}$$

seine potentielle Energie ist

$$E_p = -G \frac{m M}{r}. \tag{2.10b}$$

Aus den Gln. (2.9a/b) und (2.10a/b) folgt

$$E_k = \frac{1}{2} G \frac{m M}{r}$$

und

$$E_k = -\frac{1}{2} E_p. \tag{2.11}$$

Für die gesamte Energie ergibt sich also

$$E = E_k + E_p = -\frac{1}{2} E_p + E_p = \frac{1}{2} E_p$$

oder

$$E = -\frac{1}{2} G \frac{m M}{r}. \tag{2.12}$$

Die Aussage (2.11) gilt allgemeiner, als die Herleitung erkennen läßt. Es handelt sich um den *Virialsatz von R. Clausius* (1870), der z. B. in der kinetischen Gastheorie eine wichtige Rolle spielt. In einer für das Folgende ausreichenden Formulierung heißt er: „*In einem abgeschlossenen System, in dem die Teilchen (Atome, Sterne oder Sternsysteme) durch Kräfte aufeinander wirken, die dem* $\frac{1}{r^2}$ *– Gesetz folgen, ist der zeitliche Mittelwert der kinetischen Energie gleich dem negativen halben zeitlichen Mittelwert der potentiellen Energie:*

$$\overline{E}_k = -\frac{1}{2}\,\overline{E}_p.\text{“} \tag{2.13}$$

Der Virialsatz gestattet z. B. eine erste Einsicht in das Problem der Sternentwicklung und einiges mehr.

Soll ein Körper nicht ständiger Begleiter eines Zentralgestirns – z. B. der Sonne, eines Planeten oder Mondes – sein, dann muß ihm eine so große kinetische Energie mitgegeben werden, daß die Gesamtenergie im Unendlichen 0 oder größer als 0 ist. Nach den Beziehungen (2.10a/b) muß also gelten

$$E = E_k + E_p = \frac{1}{2} m v^2 - G\frac{mM}{r} \geqslant 0. \tag{2.14}$$

Daraus folgt, unabhängig von der Masse m,

$$v \geqslant \sqrt{2G\frac{M}{r}}. \tag{2.15a}$$

Für den Fall des Gleichheitszeichens spricht man von der *Entweichgeschwindigkeit* – auch von der Flucht – oder parabolischen Geschwindigkeit –:

$$v_e = \sqrt{2G\frac{M}{r}}. \tag{2.15b}$$

Es gilt

$$v_e = v_k\sqrt{2}. \tag{2.16}$$

v_e ist die 2. kosmische Geschwindigkeit.

Aufgabe:

2. Berechne die Entweichgeschwindigkeit für die Sonne, die Planeten und den Mond für den Fall, daß der Körper sich zu Beginn der Bewegung an der Oberfläche des Gestirns befindet!

Setzt man für M die Masse der Sonne und für r die astronomische Einheit, so erhält man

$$v_e = \sqrt{2\cdot 6{,}673\cdot 10^{-11}\cdot\frac{1{,}989\cdot 10^{30}}{1{,}496\cdot 10^{11}}}\ \mathrm{m\,s^{-1}} = 42{,}1\ \mathrm{km\,s^{-1}}.$$

Dieser Wert ist in mehrfacher Hinsicht interessant.

1. Damit ein Körper von einem Punkt der Erdbahn das Sonnensystem verlassen kann, muß man ihm eine Geschwindigkeit von 42,1 km s^{-1} mitgeben. Die mittlere Bahnge-

schwindigkeit der Erde beträgt 29,8 km s^{-1}. Die Bewegung der Erde kann man natürlich ausnutzen. Man braucht daher einem Körper nur noch die zusätzliche Geschwindigkeit von 12,3 km s^{-1} zu erteilen, wenn man ihn in Richtung der augenblicklichen Bewegung der Erde abschießt. Würde man die entgegengesetzte Richtung wählen, dann wäre eine Geschwindigkeit relativ zur Erde von 71,9 km s^{-1} notwendig.

2. Die Geschwindigkeit, mit der Meteore in die Erdatmosphäre eindringen, liegt zwischen 12 km s^{-1} und 72 km s^{-1} (42 ∓ 30 km s^{-1}).
3. Ist die Geschwindigkeit, mit der ein Körper die Erdbahn kreuzt, relativ zur Sonne kleiner als 42,1 km s^{-1}, dann bewegt er sich in einer elliptischen, also geschlossenen Bahn um die Sonne. Er gehört zum Planetensystem. Ist seine Geschwindigkeit gleich oder größer als 42,1 km s^{-1}, dann bewegt er sich auf einer Parabel oder Hyperbel. In diesem Fall ist er kein Mitglied des Planetensystems oder kein Mitglied mehr. Entweder ist er aus dem interstellaren Raum gekommen, oder er ist durch den Einfluß eines der großen Planeten so beschleunigt worden, daß er in den interstellaren Raum entweicht. Diese Frage ist von besonderem Interesse bei Kometen. Die am häufigsten vorkommenden Bahnformen der Kometen sind Ellipsen, oft sehr langgestreckte, parabelnahe Ellipsen. Doch sind auch einige Hyperbelbahnen beobachtet worden. Die Exzentrizität lag allerdings nie über 1,004. Für die meisten Kometen, die sich auf einer Hyperbelbahn bewegten, konnte gezeigt werden, daß diese Hyperbelbahn durch Störung eines der großen Planeten – meist des Jupiter – aus einer Ellipsenbahn entstanden war.

Damit ist die wichtige Frage nach dem Ursprung der Kometen geklärt. Kometen gehören dem Sonnensystem an. Nach *J. H. Oort* sollen etwa 10^{11} Kometen die Sonne begleiten. Die meisten befinden sich in riesigen Entfernungen bis zu 150 000 AE.

Aufgabe:

3. Wie lange dauert der Umlauf eines Kometen, dessen Aphel 150 000 AE von der Sonne entfernt ist, während sein Perihel in der Nähe der Jupiterbahn liegt?

Über die Entweichgeschwindigkeit im Zusammenhang mit der Frage nach der Existenzmöglichkeit einer Atmosphäre wird in Kapitel 3 gesprochen.

2.2.2 Gravitationsenergie einer Gaskugel; Kontraktion der Sonne; Helmholtz-Kelvinsche Zeitskala

Die Sonne ist aus einer Wolke interstellarer Materie (99 % Gas – insbesondere Wasserstoff – und 1 % Staub) entstanden. Die potentielle Energie hat sich bei der Kontraktion in kinetische Energie und letztlich in thermische Energie umgewandelt. Aus dem oben erwähnten Virialsatz (Seite 50) folgt, daß bei der Kontraktion die Hälfte der verwandelten potentiellen Energie zur Erhöhung der inneren Energie des Sterns oder Protosterns gebraucht wird – Erhöhung der Temperatur und des Drucks –, während die andere Hälfte abgestrahlt wird. Die Stärke der Abstrahlung regelt daher den Kontraktionsprozeß.

Die potentielle Energie, die bei der Kontraktion der Sonne auf ihren heutigen Radius frei geworden ist bzw. sich in andere Energieformen umgewandelt hat, läßt sich der Größenordnung nach leicht abschätzen.

Man denke sich die Sonne in zwei Körper gleicher Masse zerlegt, von denen der eine aus dem Unendlichen auf den anderen zustürzt und sich mit ihm vereinigt. Dann gilt:

$$E = E_{Kontr} = G \frac{\frac{1}{2} m_\odot \cdot \frac{1}{2} m_\odot}{R_\odot} = \frac{1}{4} G \frac{m_\odot^2}{R_\odot}. \tag{2.17}$$

Der Faktor $\frac{1}{4}$ ist zu klein. Man kommt dem wahren Wert $\frac{3}{5}$ sehr viel näher, wenn man bedenkt, daß die Masse der Sonne zum Zentrum hin stark konzentriert ist (siehe Aufgabe 3, Seite 44). Wählt man deshalb in Gl. (2.17) $\frac{1}{3} R_\odot$ oder $\frac{1}{2} R_\odot$ statt $R_\odot$, so bekommt man

$$E = \frac{3}{4} G \frac{m_\odot^2}{R_\odot} \quad \text{bzw.} \quad E = \frac{1}{2} G \frac{m_\odot^2}{R_\odot}.$$

Zwischen diesen Werten liegt der exakte Wert

$$E = \frac{3}{5} G \frac{m_\odot^2}{R_\odot}. \tag{2.18}$$

Eine genaue Rechnung kann auch in der Schule durchgeführt werden (siehe z. B. MNU „Der mathematische u. naturwissenschaftliche Unterricht", 27, Heft 7, Okt. 74, S. 386–387). Hat man die Anfangsgründe der Integralrechnung zur Hand, kann man folgende Überlegung durchführen:

Die Sonne sei zunächst bis zum Radius $r < R_\odot$ aufgebaut. In dieser Kugel ist die Masse m_r enthalten. Wird eine Kugelschale der Masse dm_r (und der Dicke dr) hinzugefügt, so ändert sich die potentielle Energie E_p um

$$dE_p = -G \frac{m_r \cdot dm_r}{r} \quad \text{(siehe S. 47).}$$

Unter der Voraussetzung einer homogenen Massenverteilung – $\rho = \text{const.}$ – gilt

$$m_r = \frac{4}{3} \pi r^3 \rho \quad \text{und} \quad dm_r = 4 \pi r^2 \rho \, dr.$$

Damit wird

$$dE_p = -G \frac{16}{3} \pi^2 r^4 \rho^2 dr = -3 G \left(\frac{4}{3} \pi \rho\right)^2 r^4 dr$$

und

$$E_p = -3 G \left(\frac{4}{3} \pi \rho\right)^2 \int_0^{R_\odot} r^4 dr = -\frac{3}{5} \frac{G}{R_\odot} \left(\frac{4}{3} \pi R_\odot^3 \rho\right)^2 = -\frac{3}{5} G \cdot \frac{m_\odot^2}{R_\odot}.$$

Setzt man in Gl. (2.18) die Werte für die Sonne ein, so ergibt sich

$$E_{Kontr} = 2{,}3 \cdot 10^{41} \text{ J}.$$

Die Sonne strahlt gegenwärtig in 1 s $3{,}8 \cdot 10^{26}$ J ab. Wie lange kann die Sonne schon gestrahlt haben, wenn man die Kontraktion als alleinige Energiequelle ansieht, und wenn man für eine erste und grobe Abschätzung annimmt, daß die Sonne in der Vergangenheit die gleiche Leuchtkraft besessen hat wie heute? (Natürlich war das zu Beginn der Kontraktion aus einer ausgedehnten interstellaren Wolke nicht der Fall.) Diese Abschätzung führt zu der *Helmholtz-Kelvinschen Zeitskala:*

$$t_{H-K} \approx \frac{2{,}3 \cdot 10^{41}}{3{,}8 \cdot 10^{26}}\,\mathrm{s} \approx 19 \cdot 10^6\,\mathrm{a}.$$

Man kann jetzt auch die Gravitationsenergie berechnen, die bei der Schrumpfung der Sonne von dem heutigen Halbmesser $R_\odot$ auf einen kleineren $kR_\odot$ frei wird $(0 < k < 1)$.

$$\Delta E = \frac{3}{5} G m_\odot^2 \left(\frac{1}{kR_\odot} - \frac{1}{R_\odot}\right) = \frac{3}{5} G \frac{m_\odot^2}{R_\odot} \cdot \frac{1-k}{k}\,.$$

Die Werte $k = \frac{3}{4}$, $k = \frac{1}{2}$ und $k = \frac{1}{4}$ führen zu

$$\Delta E = \frac{1}{3} \cdot \frac{3}{5} G \frac{m_\odot^2}{R_\odot},$$

$$\Delta E = \frac{3}{5} G \frac{m_\odot^2}{R_\odot}$$

und

$$\Delta E = 3 \cdot \frac{3}{5} G \frac{m_\odot^2}{R_\odot}.$$

Die Geologen und Biologen versichern, daß sich die Leuchtkraft der Sonne seit vielen 100 Millionen Jahren nicht wesentlich verändert haben kann. Durch eine merkliche bis starke Kontraktion hätte der Energiebedarf aber nur etwa für 6 ... 60 Millionen Jahre gedeckt werden können. Deshalb mußte die Kontraktionshypothese – soweit sie die Deckung der Energie betrifft – schon im 19. Jahrhundert aufgegeben werden.

Aufgaben:

1. Berechnen Sie die durch Kontraktion frei werdende Gravitationsenergie, wenn die Sonne sich auf $\frac{1}{100}$ ihres heutigen Halbmessers zusammenzieht (Stadium des weißen Zwerges). Wie lange könnte bei gleicher Leuchtkraft wie heute der Energieverlust durch Abstrahlung gedeckt werden?
2. Könnte die Sonne ihren Energieverlust durch Einsturz von Meteoriten decken? Welcher Massenzuwachs wäre in 1 s (in 1 a) zu erwarten? Warum kann man den einfachen Ansatz $E_k = 3{,}8 \cdot 10^{26}\,\mathrm{J\,s^{-1}}$ nicht benutzen, wenn man den Massenzuwachs etwa für 10^9 a berechnen will? Angenommen, der Massenzuwachs hält nur 1 000 a an, wie groß ist dann die Änderung der Jahreslänge?
3. Wie lange könnte die Sonne strahlen, wenn sie völlig aus brennbarer Substanz bestünde und der zur Verbrennung notwendige Sauerstoff von außen geliefert würde? 1 kg bester Steinkohle-Anthrazit – hat die Verbrennungswärme $3{,}35 \cdot 10^7$ J, 1 kg Wasserstoff $1{,}42 \cdot 10^8$ J.

2.2.3 Die Verteilung des Drehimpulses im Planetensystem

Im Anhang sind die wichtigsten Gesetzmäßigkeiten des Planetensystems zusammengestellt. Allein die Tatsache, daß die Bahnen aller Planeten nur wenig gegeneinander geneigt sind und daß alle Planeten den gleichen Umlaufssinn haben, zeigt unmißverständlich, daß die Planeten mit oder aus der Sonne entstanden sind. (Auch die Bahn des Pluto ist mit 17° nicht gerade stark gegen die Ekliptik geneigt. Vielfach wird außerdem angenommen, daß Pluto ein „entsprungener" Neptunmond ist.)

Man wird also annehmen, daß sich das gesamte Sonnensystem aus einer Wolke interstellarer Materie gebildet hat. Als diese Wolke dicht genug war, so daß eine fortgesetzte Kontraktion eintreten konnte – *Gravitationsinstabilität* – wirkten nur noch die inneren Gravitationskräfte. Von diesem Zeitpunkt an galt also der Satz von der Erhaltung des Drehimpulses L = const. Äußere Kräfte, die ein Drehmoment hätten erzeugen können, gab es nicht mehr. Es ist nun sehr interessant, die Verteilung des gesamten Drehimpulses auf die einzelnen Mitglieder des Sonnensystems zu betrachten.

Der Bahndrehimpuls des Jupiters ist

$$L_{♃} = m_{♃} v_{♃} r_{♃} = 1{,}8993 \cdot 10^{27} \cdot 1{,}31 \cdot 10^{4} \cdot 7{,}78 \cdot 10^{11}\ \mathrm{kg\,m^2\,s^{-1}} = 1{,}94 \cdot 10^{43}\ \mathrm{kg\,m^2\,s^{-1}}.$$

Aufgabe:

1. Berechnen Sie den Bahndrehimpuls von Merkur, Venus, Erde, Mars, Saturn, Uranus, Neptun und Pluto!

Der Drehimpuls der Sonne ist nicht so einfach zu bestimmen. Benutzt man die Beziehung $L = \frac{2}{5} m r^2 \omega$, so erhält man einen zu großen Wert, da die Masse der Sonne zum Mittelpunkt hin konzentriert ist (siehe S. 44, Aufg. 3). Für Abschätzungen ist der erhaltene Wert aber durchaus brauchbar.

Die siderische Rotationszeit eines Punktes auf dem Sonnenäquator beträgt rund 25 d. Die Sonne rotiert allerdings nicht wie ein starrer Körper. Punkte höherer heliographischer Breite brauchen längere Zeit für einen Umlauf. Zur Berechnung des Drehimpulses soll die Rotationszeit in 16° heliographischer Breite benutzt werden. Hier ist die siderische Periode 25,38 d. Damit wird

$$\omega = \frac{2\pi}{T} = 2{,}865 \cdot 10^{-6}\ \mathrm{rad\,s^{-1}}$$

und

$$L = 11{,}1 \cdot 10^{41}\ \mathrm{kg\,m^2\,s^{-1}}.$$

In Tabellen findet man $L = 1{,}7 \cdot 10^{41}\ \mathrm{kg\,m^2\,s^{-1}}$.

Bild 2.3 zeigt die Verteilung der Drehimpulse auf die Sonne und die großen Planeten. Merkur, Venus, Erde, Mars und Pluto liefern keinen nennenswerten Beitrag. Die Summe ihrer Drehimpulse ($6{,}8 \cdot 10^{40}\ \mathrm{kg\,m^2\,s^{-1}}$) ist durch eine einzige Ordinate angedeutet. Von dem Eigendrehimpuls der Planeten und dem Bahndrehimpuls der Monde kann abgesehen werden.

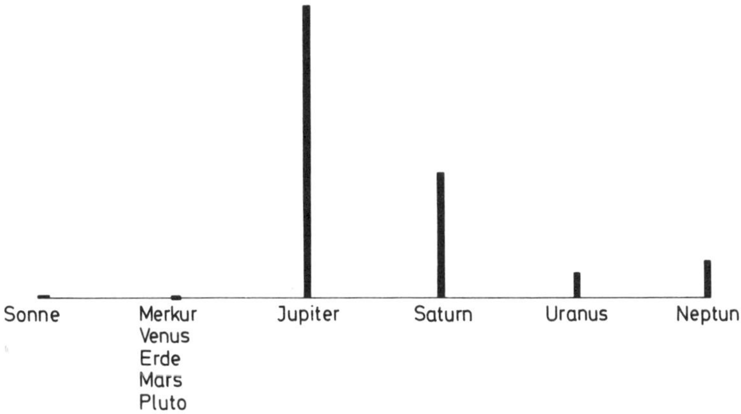

Bild 2.3 Verteilung der Drehimpulse im Sonnensystem

Aufgaben:

2. Wie groß ist der Eigendrehimpuls des Jupiters bei Annahme einer homogenen Massenverteilung?
3. Wie groß ist der Bahndrehimpuls a) des Erdmondes, b) des Jupitermondes Ganymed?

Jede Theorie über die Entstehung und Entwicklung des Planetensystems muß diese eigenartige Verteilung des gesamten Drehimpulses beachten und verständlich machen. Auf welche Weise hat die Sonne den größten Teil ihres ehemaligen Drehimpulses verloren? Auf Seite 28 wurde gezeigt, daß durch Gezeitenkräfte der Bahndrehimpuls des Mondes wächst, während der Eigendrehimpuls der Erde abnimmt. Könnte sich ein Vorgang dieser Art auch bei dem System Sonne-Jupiter abgespielt haben? Saturn, Uranus und Neptun sind hier weniger wichtig. Detaillierte Rechnungen zeigen, daß das nicht der Fall gewesen sein kann. Auf welche Weise auch immer die Sonne ihren ursprünglichen Drehimpuls bis auf einen kleinen Rest abgegeben hat, eins ist sicher: Bei diesem Vorgang haben Magnetfelder eine entscheidende Rolle gespielt. Einen Teil des Drehimpulses hat wahrscheinlich das interstellare Medium aufgenommen. Die Übertragung von der Sonne auf das interstellare Medium ist dabei durch den Sonnenwind unter Mitwirkung von Magnetfeldern erfolgt. Wahrscheinlich war der Sonnenwind in den ersten Zeiten des Sonnensystems wesentlich stärker als heute. *Hoyle* hat eine andere Vorstellung entwickelt:

Bei zunehmender Schrumpfung löste sich, als die Fliehkraft in der Äquatorzone die Gravitation überwog, ein Materiering von der Protosonne. Zwischen dem abgelösten Ring und dem Zentralkörper bestand eine Kopplung durch ein Magnetfeld, weil die Materie sowohl in der Ursonne als auch in dem sie umgebenden Ring weitgehend ionisiert war. Die Vorstellung, daß die magnetischen Feldlinien zunächst in radialer Richtung verliefen, führt zu Bild 2.4. Nach einem recht anschaulichen Modell von Hoyle kann man sich die Feldlinien durch biegsame Stäbe ersetzt denken. Nun folgt aus dem 3. Kepler-Gesetz, daß die Gebiete in der Äquatorzone der Ursonne eine größere Bahngeschwindigkeit besitzen mußten als die Teilchen in dem abgelösten Ring. Wegen dieser unterschiedlichen Bahn-

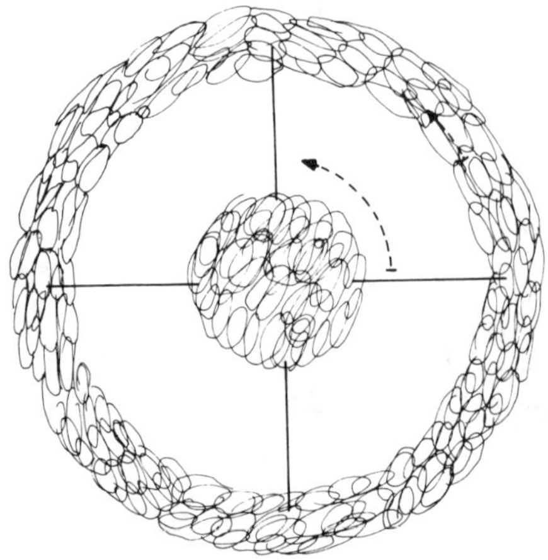

Bild 2.4

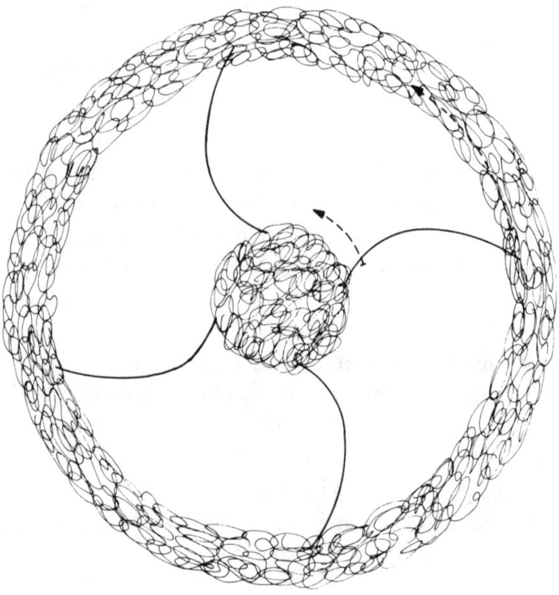

Bild 2.5

geschwindigkeiten mußten sich die Feldlinien verbiegen (Bild 2.5). Die Folge dieser Tatsache ist leicht zu überschauen: Der Zentralkörper wurde gebremst, die Materie im Ring beschleunigt. Das führte natürlich auch zu einer Vergrößerung des Abstandes zwischen Ring und Zentralkörper. Damit wird neben der Frage nach der Übertragung des Drehimpulses auf die Planeten auch ein weiteres Problem gelöst. Rechnungen zeigen nämlich, daß der erste abgelöste Ring innerhalb der heutigen Merkurbahn liegen mußte. Ohne Kräfte, die die im Ring befindliche Materie weiter nach außen trieben, hätten sich in größeren Entfernungen keine Planeten bilden können.

Man kann leicht abschätzen, welchen Anteil ihres Drehimpulses die Protosonne während der Entwicklung des Planetensystems verloren hat. Die Abschätzung ist zwar grob, gibt aber doch einen guten Einblick in die Größenordnungen.

Es soll vorausgesetzt werden, daß die Materie, aus der später die Sonne entstand, sich in einer Kugel befand, deren Durchmesser gleich dem halben Durchmesser der heutigen Merkurbahn war, $58 \cdot 10^6$ km. Die Rotationszeit in der Äquatorzone dieser Kugel soll zu 31 d angenommen werden. Man kommt zu dieser Zahl, wenn man mit dem 3. Kepler-Gesetz und der heutigen Umlaufszeit des Merkurs rechnet:

$$T_1^2 : T_2^2 = a_1^3 : a_2^3; \quad T_1^2 : 88^2 = \left(\frac{1}{2} a_2\right)^3 : a_2^3$$

$$T_1 = 31 \text{ d}.$$

Unter der Annahme einer homogenen Massenverteilung in dieser Protosonne erhält man für ihren Drehimpuls $L \approx 1{,}6 \cdot 10^{45}$ kg m² s⁻¹. Nun beträgt der wahre Drehimpuls der heutigen Sonne etwa 15 % desjenigen, der bei homogener Massenverteilung berechnet wird. Nimmt man ähnliche Verhältnisse bei der gedachten Protosonne an, dann kann man deren Drehimpuls zu $2{,}4 \cdot 10^{44}$ kg m² s⁻¹ ansetzen. Wenn man dieser Abschätzung einiges Gewicht beilegt, kann man schätzen, daß die Sonne mit $1{,}7 \cdot 10^{41}$ kg m² s⁻¹ nur noch rund 0,07 % des ehemaligen Drehimpulses besitzt.

Hätte die Sonne keinen Drehimpuls verloren, müßte sie eine wesentlich kürzere Rotationszeit besitzen. Es müßte gelten – wieder homogene Massenverteilung vorausgesetzt –:

$$\frac{2}{5} \cdot 2 \cdot 10^{30} \cdot 6{,}96^2 \cdot 10^{16} \cdot \frac{2\pi}{T} \text{ kg m}^2 \text{ s}^{-1} = 2{,}4 \cdot 10^{44} \text{ kg m}^2 \text{ s}^{-1}.$$

Daraus folgt: T = 0,12 d! Ein Punkt auf dem Sonnenäquator hat heute eine Geschwindigkeit von 2 km s⁻¹ und eine Umlaufszeit von 25 d. Bei Erhaltung ihres Drehimpulses müßte die Geschwindigkeit am Sonnenäquator rund 417 km s⁻¹ sein.

2.2.4 Die Erhaltung des Drehimpulses und das zweite Keplersche Gesetz

Auf einen Planeten wirken nur Zentralkräfte. Deshalb ist $\vec{M} = 0$ und $\vec{L} = \text{const}$. Aus der Tatsache, daß der Vektor $\vec{L}$ unveränderlich ist, liest man ab, daß die Bewegung in einer Ebene stattfindet. Genauer folgt:

$$m\vec{r} \times \vec{v} = \text{const.},$$

$$\vec{r} \times \frac{\Delta\vec{r}}{\Delta t} = \text{const.},$$

$$\frac{\frac{1}{2}\vec{r} \times \Delta\vec{r}}{\Delta t} = \text{const.}, \tag{2.19}$$

$$\frac{\left|\frac{1}{2}\vec{r} \times \Delta\vec{r}\right|}{\Delta t} = \text{const.},$$

$$\frac{\Delta A}{\Delta t} = \text{const.}$$

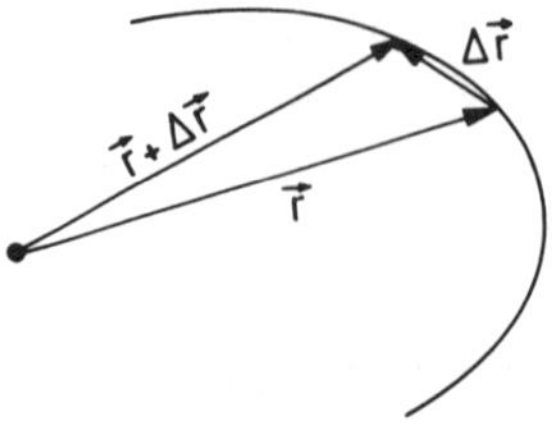

Bild 2.6

Das aber heißt in Worten: „In gleichen Zeiten überstreicht der Radiusvektor gleiche Flächen" (Bild 2.6).

Beim Durchgang durch das Perihel und Aphel stehen $\vec{r}$ und $\vec{v}$ senkrecht aufeinander. Hier ist der Betrag des Drehimpulses also $m r_p v_p$ bzw. $m r_A v_A$. Wegen der Erhaltung des Drehimpulses gilt

$$r_P v_P = r_A v_A . \tag{2.20}$$

Bezeichnet man die große Halbachse der elliptischen Bahn mit a, die numerische Exzentrizität mit e, so ist

$$r_P = a(1-e) \quad \text{und} \quad r_A = a(1+e). \tag{2.21}$$

Mit diesen Beziehungen erhält man

$$\frac{v_P}{v_A} = \frac{1+e}{1-e}. \tag{2.22}$$

Für die Erde ist $e = 0{,}0167$ und damit $\frac{v_P}{v_A} = 1{,}034$. Für den Merkur mit $e = 0{,}2056$ ist $\frac{v_P}{v_A} = 1{,}518$. Für Merkur ist also die Geschwindigkeit im Perihel erheblich größer als im Aphel. Viel bedeutender sind die Unterschiede zwischen der größten und der kleinsten Geschwindigkeit bei Kometen, deren Exzentrizität oft nahe bei 1 liegt. So gilt für den Halleyschen Kometen, der zuletzt 1910 beobachtet wurde und 1986 wiederkehren wird, $e = 0{,}9673$. Für ihn ist

$$\frac{v_P}{v_A} = 50{,}16!$$

Über die Geschwindigkeiten selbst gibt der Energiesatz Auskunft.

$$\frac{1}{2} m v_P^2 - G\frac{m \cdot m_\odot}{r_P} = \frac{1}{2} m v_A^2 - G\frac{m \cdot m_\odot}{r_A}. \tag{2.23}$$

Aus Gl. (2.23) ergibt sich

$$\frac{1}{2}(v_P^2 - v_A^2) = G m_\odot\left(\frac{1}{r_P} - \frac{1}{r_A}\right).$$

Mit $v_A = \frac{1-e}{1+e} v_P$, $r_A = a(1+e)$ und $r_P = a(1-e)$ erhält man schließlich nach einigen Umformungen

$$v_P = \sqrt{G\frac{m_\odot}{a}}\sqrt{\frac{1+e}{1-e}} \tag{2.24a}$$

und

$$v_A = \sqrt{G\frac{m_\odot}{a}}\sqrt{\frac{1-e}{1+e}}. \tag{2.24b}$$

Zahlenwerte:

Merkur:	$v_P = 58{,}99\ \mathrm{km\,s^{-1}}$;	$v_A = 38{,}86\ \mathrm{km\,s^{-1}}$
Erde:	$v_P = 30{,}29\ \mathrm{km\,s^{-1}}$;	$v_A = 29{,}29\ \mathrm{km\,s^{-1}}$
Komet Halley:	$v_P = 49{,}78\ \mathrm{km\,s^{-1}}$;	$v_A = 0{,}99\ \mathrm{km\,s^{-1}}$.

Aufgaben:

1. Für die am 10. Dez. 1974 gestartete Heliossonde ist $r_P = 0{,}3095$ AE, $r_A = 0{,}985$ AE (und $T = 190{,}153$ d). Wie groß ist
   a) die große Halbachse der Bahn,
   b) die numerische Exzentrizität,
   c) die Geschwindigkeit im Perihel,
   d) die Geschwindigkeit im Aphel?
2. Ein Satellit bewege sich auf einer Kreisbahn mit dem Radius r um die Erde. Leiten Sie eine Beziehung zwischen dem Bahndrehimpuls L, der Masse des Satelliten m_S, der Masse der Erde m_E und dem Radius r ab!
3. Ein Stern, der die gleiche Masse und den gleichen Drehimpuls wie die Sonne besitzt, möge zu einem Neutronenstern mit dem Radius 10 km zusammenstürzen. Der Drehimpuls soll vollkommen erhalten bleiben. Wie groß ist die Rotationszeit des Neutronensterns?
   – Neutronensterne können nur entstehen, wenn ein Stern eine Masse $m > 1{,}4\ m_\odot$ hat. Bei dem Gravitationskollaps wird ein Teil der Masse explosionsartig abgestoßen: Supernova. –

2.2.5 Das System Erde-Mond und die Erhaltung des Drehimpulses

Besonders interessant ist der Satz von der Erhaltung des Drehimpulses für das System Erde-Mond. Der gesamte Drehimpuls setzt sich aus vier Anteilen zusammen: Eigendrehimpulse der Erde und des Mondes und Bahndrehimpulse der Erde und des Mondes.

Der Eigendrehimpuls der Erde ist

$$L_E = 5{,}86 \cdot 10^{33}\ \mathrm{kg\,m^2\,s^{-1}}.$$

Er ist kleiner als der einer homogenen Kugel von Erdmasse und Erdradius ($7{,}1 \cdot 10^{33}\ \mathrm{kg\,m^2\,s^{-1}}$). Der Bahndrehimpuls des Mondes ist

$$L_{B\,Mo} = m_{Mo}\,a_{Mo}^2\,\omega_{Mo} = 7{,}35 \cdot 10^{22} \cdot 3{,}844^2 \cdot 10^{16} \cdot \frac{2\pi}{27{,}322 \cdot 86\,400}\ \mathrm{kg\,m^2\,s^{-1}}$$
$$= 2{,}89 \cdot 10^{34}\ \mathrm{kg\,m^2\,s^{-1}}.$$

Der Eigendrehimpuls des Mondes ist bei Annahme einer homogenen Massenverteilung

$$L_{Mo} = \frac{2}{5} m_{Mo} r_{Mo}^2 \omega_{Mo} = \frac{2}{5} 7{,}35 \cdot 10^{22} \cdot 1{,}74^2 \cdot 10^{12} \cdot \frac{2\pi}{27{,}322 \cdot 86\,400} \, kg\, m^2\, s^{-1}$$
$$= 2{,}37 \cdot 10^{29} \, kg\, m^2\, s^{-1}.$$

Er kann ohne weiteres bei der Betrachtung des Gesamtdrehimpulses vernachlässigt werden. Ebenso kann man den Bahndrehimpuls der Erde bei ihrer Bewegung um den Massenmittelpunkt vernachlässigen. Er macht nur etwa 1 % des gesamten Bahndrehimpulses im System Erde-Mond aus.

Aufgabe:

Berechnen Sie den Bahndrehimpuls der Erde bezogen auf den Massenmittelpunkt und vergleichen Sie ihn mit dem Bahndrehimpuls des Mondes bezogen auf den Massenmittelpunkt und bezogen auf den Erdmittelpunkt.

Betrachtet man Erde und Mond als ein abgeschlossenes System, so gilt mit den erlaubten Vernachlässigungen:

$$L_E + L_{B\,Mo} = \text{const.} \tag{2.25a}$$

$$L_E + m_{Mo} a_{Mo} v_{Mo} = \text{const.}, \tag{2.25b}$$

wobei a_{Mo} und v_{Mo} die mittleren Werte für Abstand und Bahngeschwindigkeit des Mondes sind. Außerdem gilt bei Annahme einer Kreisbewegung die Gleichgewichtsbeziehung

$$\frac{m_{Mo} v_{Mo}^2}{a_{Mo}} = G \cdot \frac{m_{Mo} m_E}{a_{Mo}^2}. \tag{2.26}$$

Eliminiert man v_{Mo} aus den Gln. (2.25b) und (2.26), so erhält man

$$L_E + m_{Mo} \sqrt{G m_E} \sqrt{a_{Mo}} = \text{const.} \tag{2.27}$$

Nun ändert sich L_E durch die Gezeitenreibung. Mit L_E muß sich auch a_{Mo} ändern. Differenziert man in Gl. (2.27) L_E nach a_{Mo}, so ergibt sich

$$\frac{dL_E}{da_{Mo}} = -\frac{m_{Mo}\sqrt{G m_E}}{2\sqrt{a_{Mo}}}$$

oder mit Differenzen geschrieben:

$$\frac{\Delta L_E}{\Delta a_{Mo}} = -\frac{m_{Mo}\sqrt{G m_E}}{2\sqrt{a_{Mo}}}. \tag{2.28}$$

Andererseits gilt

$$L_E = J_E \omega = J_E \cdot \frac{2\pi}{T} \tag{2.29}$$

$$\frac{dL_E}{dT} = -2\pi \cdot \frac{J_E}{T^2}$$

oder

$$\frac{\Delta L_E}{\Delta T} = -2\pi \cdot \frac{J_E}{T^2}, \tag{2.30}$$

wobei T = 86 164 s die siderische Rotationszeit der Erde ist.

Das Trägheitsmoment der Erde $J_E = 8{,}04 \cdot 10^{37}$ kg m² kann aus Satellitenbeobachtungen bestimmt werden.

Aus den Gln. (2.28) und (2.30) folgt

$$\frac{m_{Mo}\sqrt{Gm_E}}{2\sqrt{a_{Mo}}}\,\Delta a_{Mo} = 2\pi\frac{J_E}{T^2}\,\Delta T. \tag{2.31}$$

In der Zeit ΔT ändert sich a_{Mo} um

$$\Delta a_{Mo} = \frac{4\pi J_E\sqrt{a_{Mo}}}{m_{Mo}\,T^2\sqrt{Gm_E}}\,\Delta T. \tag{2.32}$$

Eine eingehende Analyse von Sonnenfinsternissen und Planetenbeobachtungen seit 1663 und von ca. 40 000 Sternbedeckungen durch den Mond hat ergeben, daß die Länge des Tages in 100 Jahren um 1,5 ms zunimmt. (In der Literatur findet man Werte zwischen 1 ms und 4 ms pro Jahrhundert.) Mit 1,5 ms wird

$$\Delta a \approx 2{,}7 \text{ m/Jahrhundert}.$$

Der Abstand des Mondes wächst also in 100 a *um etwa* 3 m!

Man kann an dieser Stelle eine weitere interessante Abschätzung durchführen. Der Eigendrehimpuls der Erde ist heute $5{,}86 \cdot 10^{33}$ kg m² s⁻¹, der Bahndrehimpuls des Mondes $2{,}89 \cdot 10^{34}$ kg m² s⁻¹. Der Eigendrehimpuls der Erde nimmt infolge der Gezeitenreibung ab. Er wird schließlich ganz auf den Bahndrehimpuls des Mondes übertragen. Erde und Mond wenden sich dann bei der Bewegung um ihren Massenmittelpunkt immer die gleiche Seite zu. Bei dieser Bewegung hat die Erde natürlich auch noch einen Eigendrehimpuls, wie ihn ja auch der Mond heute noch besitzt. Von diesem Anteil am Gesamtdrehimpuls kann aber abgesehen werden. Bezeichnet man den Abstand des Mondes von der Erde zur Zeit der beiderseits gebundenen Rotation mit a_{max}, die Winkelgeschwindigkeit mit ω_{min}, dann führt der Satz von der Erhaltung des Drehimpulses zu

$$L_{E,\text{heute}} + L_{B\,Mo,\text{heute}} = m_{Mo}\,a_{max}^2\,\omega_{min} = L_{B\,Mo,max} \tag{2.33}$$

Nun ist

$$L_{E,\text{heute}} = \frac{5{,}86 \cdot 10^{33}}{2{,}89 \cdot 10^{34}}\,L_{B\,mo,\text{heute}} = 0{,}2 \cdot L_{B\,Mo,\text{heute}}.$$

Damit wird der maximale Betrag des Bahndrehimpulses des Mondes

$$L_{B\,Mo,max} = 1{,}2 \cdot L_{B\,Mo,\text{heute}}. \tag{2.34}$$

Aus den Gln. (2.33) und (2.34) folgt

$$m_{Mo}\,a_{max}^2 \cdot \omega_{min} = 1{,}2 \cdot m_{Mo}\,a_{\text{heute}}^2 \cdot \omega_{\text{heute}} \tag{2.35a}$$

oder

$$a_{max}^2 \cdot \frac{2\pi}{T_{max}} = 1{,}2 \cdot a_{heute}^2 \cdot \frac{2\pi}{T_{heute}}. \tag{2.35b}$$

Mit Hilfe des 3. Kepler-Gesetzes kann man T_{max} eliminieren:

$$T_{max} = T_{heute} \sqrt{\frac{a_{max}^3}{a_{heute}^3}}.$$

Aus Gl. (2.35b) erhält man

$$a_{max} = 1{,}2^2 \cdot a_{heute}. \tag{2.36}$$

Der Abstand des Mondes kann sich also höchstens auf das 1,44-fache des heutigen Abstandes oder auf rund 554 000 km vergrößern. (Gemeint ist natürlich der mittlere Abstand.)

3 Allgemeine Gasgleichung, kinetische Gastheorie, Strahlungsgesetze

Aussagen über Temperatur und Leuchtkraft der Sterne, sowie Temperatur und Atmosphäre der Planeten werden möglich, wenn ein wenig Thermodynamik, kinetische Gastheorie und Strahlungsgesetze zur Verfügung stehen.

3.1 Notwendige Kenntnisse aus der Physik

3.1.1 Allgemeine Gasgleichung und kinetische Gastheorie

1. Allgemeine Gasgleichung: $pV = \nu RT$.

   ν ist die in der Einheit 1 mol gemessene Stoffmenge des Gases. R ist die universelle Gaskonstante: $R = 8{,}314\,34\ \mathrm{J\,K^{-1}\,mol^{-1}}$.

2. Aus der kinetischen Gastheorie sollte die Tatsache bekannt sein, daß für ein ideales Gas die absolute Temperatur proportional der mittleren kinetischen Translationsenergie seiner Teilchen ist:

$$\overline{W_k} = \frac{1}{2}\overline{mv^2} = \frac{3}{2}kT. \qquad (3.1)$$

k ist die Boltzmannsche Konstante. Es gilt

$$k = \frac{R}{N_A} = \frac{8{,}314\,34\ \mathrm{J\,K^{-1}\,mol^{-1}}}{6{,}022\,2 \cdot 10^{23}\ \mathrm{mol^{-1}}} = 1{,}380\,6 \cdot 10^{-23}\ \mathrm{J\,K^{-1}}. \qquad (3.2)$$

Für ein Gas aus N Teilchen ist die thermische Energie

$$E_{th} = \frac{3}{2}NkT = \frac{3}{2}\nu N_A kT = \frac{3}{2}\nu RT. \qquad (3.3)$$

3.1.2 Strahlungsgesetze

Vorausgesetzt werden:

1. Die Abhängigkeit der Strahlungsleistung eines schwarzen Körpers von der Wellenlänge und der Temperatur (siehe Bild 3.1). Hier ist natürlich nur an die Kurvenschar gedacht, die dem Planckschen Strahlungsgesetz entspricht und nicht an die mathematische Formulierung.
2. Das Stefan-Boltzmannsche Strahlungsgesetz: Die von einem absolut schwarzen Körper pro Zeiteinheit abgestrahlte Energie ist seiner Oberfläche und der 4. Potenz seiner absoluten Temperatur proportional.

$$\Phi = \sigma A T^4 \qquad (3.4)$$

σ ist die Stefan-Boltzmannsche Konstante: $\sigma = 5{,}669\,6 \cdot 10^{-8}\ \mathrm{J\,m^{-2}\,K^{-4}\,s^{-1}}$.

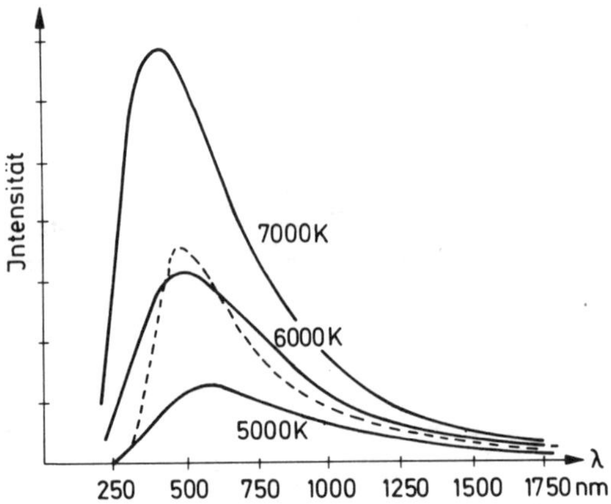

Bild 3.1

3. Das Wiensche Verschiebungsgesetz: Für die Strahlung eines absolut schwarzen Körpers ist das Produkt aus der Wellenlänge des maximalen Emissionsvermögens und der absoluten Temperatur des strahlenden Körpers konstant.

$$\lambda_{max} \cdot T = b = const. \tag{3.5}$$

Es ist

$$b = 2{,}898 \cdot 10^{-3}\ mK$$

3.2 Astronomische Probleme

3.2.1 Temperatur und Leuchtkraft der Sonne und der Sterne

In der Entfernung 1 AE von der Sonne empfängt eine senkrecht zur einfallenden Strahlung stehende Fläche von 1 m^2 die Leistung 1,36 kW. Die Größe $S = 1{,}36 \cdot 10^3\ J\,m^{-2}\,s^{-1}$ heißt Solarkonstante. Ihre Kenntnis ermöglicht es, mit Hilfe des Stefan-Boltzmannschen Strahlungsgesetzes die effektive Temperatur an der Sonnenoberfläche zu berechnen. Die effektive Temperatur ist diejenige, die ein absolut schwarzer Körper haben müßte, um pro Flächeneinheit die gleiche Leistung abzustrahlen. Es gilt:

$$L_\odot = 4\pi R_\odot^2 \sigma T_e^4 = 4\pi a^2 \cdot S, \tag{3.6}$$

wobei a die astronomische Einheit ist. Daraus folgt

$$T_e = \sqrt[4]{\left(\frac{a}{R_\odot}\right)^2 \cdot \frac{S}{\sigma}} = \sqrt[4]{\left(\frac{1{,}496 \cdot 10^{11}}{6{,}96 \cdot 10^8}\right)^2 \cdot \frac{1{,}36 \cdot 10^3}{5{,}67 \cdot 10^{-8}}}\ K = 5\,770\ K.$$

Für die Leuchtkraft der Sonne, d.h. ihre gesamte Leistung, erhält man

$$L_\odot = 4\pi a^2 S = 4\pi \cdot 1{,}496^2 \cdot 10^{22} \cdot 1{,}36 \cdot 10^3\ W = 3{,}82 \cdot 10^{26}\ W.$$

Aufgaben:

1. Welcher Bruchteil der gesamten Leistung der Sonne entfällt auf die Erde?
2. Das Intensitätsverhältnis der Strahlung aus dem Kern eines Sonnenflecks (Umbra) zur Strahlung aus der ungestörten Photosphäre beträgt etwa 1 ; 10. Wie hoch ist die effektive Temperatur in einem Sonnenfleck?

Das Wiensche Verschiebungsgesetz liefert die Beziehung $T = \frac{b}{\lambda_{max}}$. Für die Sonne gilt $\lambda_{max} = 477$ nm. Damit wird T = 6 075 K. Der Unterschied von rund 300 K gegenüber der oben berechneten effektiven Temperatur ist so erheblich, daß man sich darüber Gedanken machen muß.

Das Stefan-Boltzmannsche Strahlungsgesetz und das Wiensche Verschiebungsgesetz sind mathematische Folgerungen aus dem Planckschen Strahlungsgesetz. Wenn man das eine oder das andere zur Bestimmung der Temperatur benutzt, muß man zu den gleichen Werten kommen, vorausgesetzt, die Strahlung stammt von einem absolut schwarzen Körper, denn nur für absolut schwarze Körper gilt das Plancksche Strahlungsgesetz. Der Unterschied in den oben berechneten Temperaturen weist deutlich darauf hin, daß *die Sonne nicht wie ein schwarzer Körper strahlt,* daß also die Gesetze von Planck, Stefan-Boltzmann und Wien nicht ohne weiteres auf die Sonne angewandt werden dürfen. Diese Tatsache geht schon aus der Existenz der zahlreichen Absorptionslinien im Sonnenspektrum hervor und ebenso aus Bild 3.1, in dem die gestrichelte Kurve die Intensitätsverteilung der Sonnenstrahlung wiedergibt – über die ganze Scheibe gemittelt und außerhalb der Erdatmosphäre gemessen –, während die ausgezogenen Kurven für schwarze Strahler gelten.

Wenn man trotzdem zur Bestimmung der Temperatur an der Sonnenoberfläche einmal das Stefan-Boltzmannsche Gesetz, ein anderes Mal das Wiensche Verschiebungsgesetz benutzt, dann heißt das ganz einfach nur, daß man von zwei verschiedenen Temperaturdefinitionen ausgeht. Es ist deshalb kein Widerspruch, wenn man einmal 5 770 K, ein anderes Mal 6 075 K angibt.

An dieser Stelle soll noch eine weitere für die Physik der Sterne sehr wichtige Temperaturdefinition besprochen werden. Zum Verständnis wird wieder Bild 3.1 herangezogen. Für das Stefan-Boltzmannsche Gesetz und die aus ihm abgeleitete effektive Temperatur ist die gesamte unter einer Planckschen Kurve liegende Fläche maßgebend. Über die Temperatur nach dem Wienschen Verschiebungsgesetz entscheidet die Lage des Maximums. Die Form einer Kurve dagegen oder die Intensitätsverteilung ist für den Farbeindruck wichtig, den das Auge von dem strahlenden Körper hat.

Das Auge und die meisten anderen Empfänger sprechen auf einen begrenzten Spektralbereich an. Die Temperatur nun, die ein schwarzer Strahler haben muß, damit die Intensitätsverteilung seiner Strahlung in einem bestimmten Bereich des Spektrums gleich der Intensitätsverteilung im gleichen Bereich des Sonnen- oder Sternspektrums ist, nennt man die Farbtemperatur T_F der Sonne oder des Sterns. Zu jeder Farbtemperatur muß der gewählte Spektralbereich angegeben werden.

Drei Beispiele für die Sonne:

Tabelle 3.1

ausgewählter Spektralbereich	Farbtemperatur T_F
300 nm bis 400 nm	4 850 K
330 nm und 432 nm	7 540 K
410 nm bis 950 nm	7 140 K

Das zweite Beispiel zeigt, daß man auch zwei sehr schmale, mehr oder weniger weit getrennte Bereiche aus dem Spektrum benutzen kann. Die Auswahl geschieht mit Hilfe von Filtern.

Für die Sonne sind alle zur Temperaturberechnung notwendigen Größen mit hinreichender Genauigkeit bekannt: Radius, Entfernung, Solarkonstante, λ_{max} und die Intensitätsverteilung. Für Sterne ist das Problem schwieriger. Nur für sehr wenige kann aus der bekannten Entfernung, dem Radius und einer Größe, die der Solarkonstanten entspricht, die effektive Temperatur berechnet werden.

Beispiele:

Tabelle 3.2

Stern	empfangene Leistung S_* je m^2 $J\,m^{-2}\,s^{-1}$	Entfernung r pc	Radius R_* 10^6 km	effektive Temperatur K
α-Bootis (Arcturus)	$4{,}5 \cdot 10^{-8}$	11	18	4 100
α-Orionis[1]) (Beteigeuze)	$9{,}0 \cdot 10^{-8}$	59	210	3 300
α-Viriginis (Spica)	$3{,}4 \cdot 10^{-8}$	65	3,1	22 400

Die Werte der letzten Spalte ergeben sich aus $T_e = \sqrt[4]{\dfrac{r^2 \cdot S_*}{R_*^2 \cdot \sigma}}$.

Diese Beziehung folgt aus $L_* = 4\pi R_*^2 \sigma T_e^4 = 4\pi r^2 \cdot S_*$.

λ_{max} ist für Sterne nur schwer zu bestimmen. Die Genauigkeit reicht nicht aus, um dieser Methode eine größere Bedeutung zu geben. Dagegen kann eine Farbtemperatur auch für recht schwache Objekte ermittelt werden. Natürlich kommt ihr nicht die gleiche Bedeutung wie der effektiven Temperatur zu.

---

1) Beteigeuze ist ein veränderlicher roter Riesenstern. Man zählt ihn zu den halbregelmäßigen Veränderlichen. Die Periode beträgt etwa 2 070 Tage. Das letzte Minimum war im Dezember 1972, das nächste Minimum ist etwa im August 1978.

Aufgabe:

3. Berechnen Sie nach dem Wienschen Verschiebungsgesetz den Temperaturbereich, der für ein λ_{max} im sichtbaren Spektralbereich gilt! (380 nm < λ_{max} < 780 nm)

3.2.2 Leuchtkraft der Sterne; scheinbare und absolute Helligkeit

Leuchtkraft. Die Leuchtkraft eines Sterns, d.h. die je Sekunde abgestrahlte Energie, wird zweckmäßig in Einheiten der Leuchtkraft der Sonne angegeben. Aus

$$L_* = 4\pi R_*^2 \sigma T_{e*}^4 \quad \text{und} \quad L_\odot = 4\pi R_\odot^2 \sigma T_{e\odot}^4$$

folgt

$$L_* = \left(\frac{R_*}{R_\odot}\right)^2 \cdot \left(\frac{T_{e*}}{T_{e\odot}}\right)^4 \cdot L_\odot. \tag{3.7}$$

Nach dieser Beziehung kann die Leuchtkraft eines Sterns nur berechnet werden, wenn sein Radius und seine effektive Oberflächentemperatur bekannt sind. Diese Werte stehen aber nur selten zur Verfügung.

Scheinbare Helligkeit. Was zunächst visuell, photographisch oder photoelektrisch gemessen werden kann, ist die scheinbare Helligkeit. Unter der *scheinbaren* Helligkeit eines Sterns versteht man die Helligkeit, in der uns der Stern *wirklich* erscheint. Sie ist ein Maß für die Intensität der in den Empfänger (oder auf die Erde) gelangenden Strahlung.

Die Angabe der scheinbaren Helligkeit beruhte, bevor die Photographie, Photozellen oder Photomultiplier zur Messung eingesetzt wurden, ausschließlich auf der Empfindung, die das ins Auge fallende Licht hervorruft. Nun ergibt sich nach dem Weber-Fechnerschen Gesetz für die Empfindung eine arithmetische Reihe, wenn der die Empfindung hervorrufende Reiz nach einer geometrischen Reihe geändert wird.

Es gilt also folgende Zuordnung, wenn die Empfindung (scheinbare Helligkeit) mit m, der Reiz (Strahlungsstrom) mit Φ bezeichnet wird:

m_0	$m_1 = m_0 + \Delta m$	$m_2 = m_0 + 2\,\Delta m$	$m_3 = m_0 + 3\,\Delta m$	. . . usw.
Φ_0	$\Phi_1 = q\,\Phi_0$	$\Phi_2 = q^2\,\Phi_0$	$\Phi_3 = q^3\,\Phi_0$	

mit konstantem Δm und q. Anders geschrieben sieht die Zuordnung so aus

$m_1 - m_0 = \Delta m$	$m_2 - m_0 = 2\,\Delta m$	$m_3 - m_0 = 3\,\Delta m$	. . . usw.
$\frac{\Phi_1}{\Phi_0} = q$	$\frac{\Phi_2}{\Phi_0} = q^2$	$\frac{\Phi_3}{\Phi_0} = q^3$	

Eine Verknüpfung der beiden Folgen führt zu

$$m_2 - m_1 = \text{const.} \lg \frac{\Phi_2}{\Phi_1}.^{1)}$$

Der Proportionalitätsfaktor wird nach *N. Pogson* (1857) gleich − 2,5 gesetzt. Damit ist gewährleistet, daß die Skala der scheinbaren Helligkeiten, die in Größenklassen oder Magnitudines gemessen werden, weitgehend mit der Skala übereinstimmt, die schon von den Astronomen des Altertums begründet und benutzt worden ist. Es gilt also

$$m_2 - m_1 = -2{,}5 \lg \frac{\Phi_2}{\Phi_1} \tag{3.8a}$$

oder

$$\frac{\Phi_2}{\Phi_1} = 10^{-0{,}4}\,(m_2 - m_1). \tag{3.8b}$$

m ist um so größer, je kleiner die empfangene Strahlungsleistung ist. Die scheinbaren Helligkeiten zweier Sterne mögen sich um eine Größenklasse unterscheiden. Der mit dem Index 2 gekennzeichnete Stern sei der hellere. Dann ist

$$m_2 - m_1 = -1 \quad \text{und} \quad \frac{\Phi_2}{\Phi_1} = 10^{+0{,}4} = 2{,}512$$

Tabelle 3.3 gibt weitere Beispiele, von denen man sich einige einprägen sollte.

Tabelle 3.3

$m_2 - m_1$	$\frac{\Phi_2}{\Phi_1}$	$m_2 - m_1$	$\frac{\Phi_2}{\Phi_1}$	$m_2 - m_1$	$\frac{\Phi_2}{\Phi_1}$
−5	100 : 1	0	1 : 1	+ 5	1 : 100
−4	40 : 1	+1	1 : 2,512	+10	1 : 10^4
−3	16 : 1	+2	1 : 6,3	+15	1 : 10^6
−2	6,3 : 1	+3	1 : 16	+20	1 : 10^8
−1	2,512 : 1	+4	1 : 40	+25	1 : 10^{10}

Nun will man nicht nur die Unterschiede in den scheinbaren Helligkeiten verschiedener Sterne angeben, sondern jedem Stern einen Wert m, seine Größenklasse, zuordnen. Dazu muß noch der Nullpunkt der Skala festgesetzt werden. Hierbei wurde wieder Rücksicht auf das überlieferte System der Sternhelligkeiten genommen. Das gelang in guter Näherung, indem man dem Polarstern die scheinbare Helligkeit $m = +2{,}12^m$ zuschrieb. Da sich aber

1) Ganz entsprechend verfährt man z. B. bei dem Vergleich zweier Schalleistungen. Wenn P_0 die Bezugsleistung ist, schreibt man entweder $x = 10 \lg \frac{P}{P_0}$ oder $y = \frac{1}{2} \ln \frac{P}{P_0}$ und nennt x Dezibel, y Neper.

der Polarstern bei genaueren Messungen als schwach veränderlich erwiesen hat, benutzt man heute eine ausgewählte Gruppe von Sternen zur Festlegung des Nullpunkts. Zur Angabe der scheinbaren Helligkeit eines Sterns gehört natürlich auch die Angabe des Spektralbereichs, aus dem der vom Empfänger aufgenommene Strahlungsstrom stammt. Man unterscheidet z. B. die visuelle scheinbare Helligkeit m_v von der photographischen scheinbaren Helligkeit m_{pg}. Zur Charakterisierung dient die Wellenlänge des „Energieschwerpunkts" der wirksamen Strahlung, z. B. $\lambda_v = 540$ nm und $\lambda_{pg} = 430$ nm. Es gibt eine Reihe weiterer scheinbarer Helligkeiten, z. B. verschiedene Infrarothelligkeiten.

Tabelle 3.4: Scheinbare Helligkeit einiger Gestirne

Gestirn	m_v	m_{pg}
Sonne	– 26,78	– 26,16
Vollmond	– 12,55	
Halbmond zunehmend abnehmend	 – 10,20 – 10,05	
Venus im höchsten Glanz	– 4,22	
Sirius (α-Canis majoris)	– 1,46	– 1,45
Wega (α-Lyrae)	0,03	0,03
Spica (α-Virginis)	0,97	0,74
Mizar, der mittlere Deichselstern des großen Wagens	2,12	2,15
der schwächste, in dunkler Nacht mit bloßem Auge eben noch erkennbare Stern	6	
Grenzgröße eines Instruments mit 10-cm-Öffnung bei visueller Beobachtung	11,7	
Grenzgröße bei photographischen Aufnahmen mit dem 5-m-Spiegel auf dem Mt. Palomar		23 ... 24

Aufgaben:

1. Warum ist der zunehmende Halbmond etwas heller als der abnehmende?
2. Berechnen Sie das Verhältnis der Strahlungsströme (im visuellen Bereich)
   a) für Sonne und Vollmond,
   b) für Sonne und Sirius,
   c) für die Sonne und den schwächsten, mit bloßem Auge sichtbaren Stern,
   d) für die Sonne und den schwächsten von der Erdoberfläche aus nachweisbaren Stern ($m = 24^m$)!

Absolute Helligkeit: Die scheinbare Helligkeit ist keine *Zustandsgröße.* Sie hängt nicht nur von der Leuchtkraft eines Sterns, sondern wesentlich von dessen Entfernung und auch von einer u. U. vorhandenen interstellaren Absorption ab. Will man den Vergleich der Leuchtkräfte zweier Sterne in Größenklassen durchführen, dann muß man den Einfluß der Entfernung eliminieren. Dazu versetzt man die Sterne in Gedanken in eine für alle gleiche Entfernung. Man hat als Standardentfernung 10 pc gewählt. Die interstellare Absorption soll zunächst unberücksichtigt bleiben. Vergleicht man den Strahlungsstrom, der von einem Stern in r pc kommend einen Empfänger trifft, mit dem, der den gleichen Empfänger treffen würde, wenn der gleiche Stern die Entfernung 10 pc hätte, dann erhält man nach dem Gesetz, daß die Intensität sich mit $\frac{1}{r^2}$ ändert

$$\frac{\Phi_r}{\Phi_{10}} = \frac{10^2}{r^2} .$$

Bezeichnet man die Helligkeit eines Sterns in der Standardentfernung 10 pc mit M, dann gilt

$$m - M = -2{,}5 \lg \frac{\Phi_r}{\Phi_{10}} = -2{,}5 \lg \frac{10^2}{r^2} = 5 \lg r - 5. \tag{3.9}$$

M nennt man die *absolute Helligkeit* eines Sterns. m − M ist offensichtlich ein Maß für die Entfernung des Sterns und heißt *Entfernungsmodul.* Tabelle 3.5 gibt einige Beispiele für die Umrechnung des Entfernungsmoduls in die zugehörige Entfernung, wobei diese in pc gemessen wird.

Tabelle 3.5

m − M	− 5 m	− 4 m	− 3 m	− 2 m	− 1 m	0 m	+ 1 m	+ 2 m
r (pc)	1	1,58	2,512	3,98	6,31	10	15,8	25,1

m − M	+ 3 m	+ 4 m	+ 5 m	+ 10 m	+ 15 m	+ 20 m	+ 25 m
r (pc)	39,8	63,1	10^2	10^3	10^4	10^5	10^6

(10^3 pc = 1 kpc; 10^6 pc = 1 Mpc)

Natürlich muß auch für die absolute Helligkeit der benutzte Spektralbereich angegeben werden.

Aufgaben:

3. Berechnen Sie die absoluten Helligkeiten M_V und M_{pg} der Sonne ! (206 265 AE = 1 pc)
4. Berechnen Sie die absoluten Helligkeiten M_V für Sirius (r = 2,667 pc), Wega (8,1 pc), Spica (65 pc) und Mizar (26 pc)!

Die absoluten Helligkeiten gestatten einen unmittelbaren Vergleich zwischen den Leuchtkräften. Es gilt

$$M_2 - M_1 = -2{,}5 \lg \frac{\Phi_2}{\Phi_1} = -2{,}5 \lg \frac{L_2}{L_1} \qquad (3.10)$$

Beispiele:

Vergleich der Leuchtkräfte von Sirius und Spica:

$$\frac{L_{Spica}}{L_{Sirius}} = 10^{-0{,}4\,(-3{,}1\,-1{,}41)} = 10^{+1{,}804} = 63{,}7$$

$$L_{Spica} = 63{,}7 \cdot L_{Sirius}$$

Vergleich der Leuchtkräfte von Sirius und Sonne:

$$\frac{L_{Sirius}}{L_{Sonne}} = 10^{-0{,}4\,(1{,}41\,-\,4{,}79)} = 10^{+1{,}352} = 22{,}5$$

$$L_{Sirius} = 22{,}5 \cdot L_{Sonne}$$

Vergleich der Leuchtkräfte von Spica und Sonne:

$$\frac{L_{Spica}}{L_{Sonne}} = 10^{-0{,}4\,(-3{,}1\,-\,4{,}79)} = 10^{+3{,}156} = 1432$$

$$L_{Spica} = 1\,432 \cdot L_{Sonne}$$

Aufgabe:

5. Wie hell würde uns die Sonne erscheinen, wenn sie in der Entfernung a) des Sirius, b) der Spica stehen würde?

3.2.3 Farbindizes

Unter dem Farbindex eines Sterns versteht man die Differenz der scheinbaren Helligkeiten in zwei verschiedenen Spektralbereichen, immer in dem Sinn kurzwellig minus langwellig:

$$FI = m_{kurzwellig} - m_{langwellig} \qquad (3.11)$$

z. B.

$$FI = m_{pg} - m_v\,.$$

Die scheinbaren Helligkeiten und die entsprechenden Farbindizes im UBV-System (Ultraviolett, Blau, Visuell) von *Johnson* und *Morgan* (1951) mit den isophoten Wellenlängen der Energieschwerpunkte $\lambda_U = 365$ nm, $\lambda_B = 440$ nm, $\lambda_V = 548$ nm werden viel gebraucht. Statt m_U, m_B, m_V schreibt man auch kurz U, B, V. Die isophoten Wellenlängen für B und V weichen nur wenig von denen für m_{pg} und m_v ab. Die Farbindizes kennzeichnen die

Energieverteilung im Spektrum eines Sterns. Man kann sie zur Angabe der Farbe oder einer Farbtemperatur benutzen. Willkürlich, aber zweckmäßig, hat man alle Farbindizes für Sterne mit einer effektiven Oberflächentemperatur von etwa 10 000 K gleich Null gesetzt. Es handelt sich um Sterne des Spektraltyps A0V. Siehe auch 3.2.4. Für diese Sterne gilt also U = B = V und U − B = 0 sowie B − V = 0.

Für die Sonne mit U = − 26,06 m, B = − 26,16 m und V = − 26,78 m ist

$$U - V = +0{,}10 \quad \text{und} \quad B - V = +0{,}62.$$

Im Vergleich mit den Standardsternen strahlt die Sonne im Ultravioletten schwächer als im Blauen und im Blauen schwächer als im Visuellen. Ihre Temperatur muß also geringer als 10 000 K sein. Diese Überlegung gilt für jeden Stern mit positiven Farbindizes. Sterne mit negativen Farbindizes besitzen eine höhere Oberflächentemperatur als 10 000 K.

Farbindizes können für sehr schwache Sterne noch mit ausreichender Genauigkeit gemessen werden. Die aus den Farbindizes berechneten Farbtemperaturen haben allerdings keine größere physikalische Bedeutung. Ihr Wert liegt u. a. darin, daß die Theorie der Sternatmosphären einen Zusammenhang zwischen den Farbtemperaturen und den physikalisch bedeutsamen effektiven Temperaturen sowie anderen Größen wie z. B. der Schwerebeschleunigung gibt.

In Tabelle 3.6 sind einige Farbindizes B − V, Farbtemperaturen für zwei Wellenlängenbereiche und effektive Temperaturen aufgeführt.

Tabelle 3.6

B − V	T_F in der Umgebung von λ = 425 nm K	T_F in der Umgebung von λ = 500 nm K	T_e K
$-0{,}31^m$	39 800	33 500	33 000
$-0{,}17^m$	23 400	22 500	16 500
$0{,}0^m$	16 700	15 300	10 000
$+0{,}16^m$	13 000	11 000	8 000
$+0{,}45^m$	7 600	7 700	6 500
$+0{,}84^m$		5 400	4 700
$+1{,}39^m$		3 800	3 300
$+1{,}61^m$		3 000	2 600

Über Farbtemperaturen der Sonne siehe Tabelle 3.1, Seite 66.

Die Tabelle 3.6 zeigt, daß es auf jeden Fall möglich ist, die Sterne mit Hilfe der Farbindizes nach steigenden oder fallenden Temperaturen zu ordnen. Die Fehler bei den Temperaturangaben sind allerdings nicht unerheblich. Bei den sehr heißen Sternen können sie einige 1 000 K, bei den „kühlen" immer noch einige 100 K betragen.

3.2.4 Das Hertzsprung-Russel- und das Farben-Helligkeitsdiagramm; das Zustandsdiagramm

Spektraltypen. *Fraunhofer, Kirchhoff* und *Bunsen* legten die Grundlagen für die Spektralanalyse. Diese wurde bald durch *Huggins, Secchi, Vogel* u.a. in die Astronomie eingeführt. Ende des 19. Jahrhunderts entstand im wesentlichen durch Arbeiten von *E. C. Pickering* und Miss *A. Cannon* die „Harvard-Klassifikation" der Sternspektren. Es handelt sich um eine empirische Ordnung, die jedem Stern, von Sonderfällen abgesehen, einen Platz in einer eindimensionalen Folge zuordnet. Die Folge wird durch die Buchstaben O–B–A–F–G–K–M gekennzeichnet. Von einer Verzweigung bei G und K soll hier abgesehen werden. Man spricht von Spektralklassen, Spektraltypen oder auch von O-, B-, A-Sternen usw. Um feinere Unterschiede berücksichtigen zu können, wird jede Spektralklasse dezimal unterteilt, z.B. A0, A1, A2, ... A9. Bei den O-Sternen beginnt man mit O5. Die Sonne hat den Spektraltyp G2. Zur Einordnung eines Sterns in die Harvardsequenz benutzt man ausgewählte Linien in seinem Spektrum. Es handelt sich im wesentlichen um die Balmerlinien des Wasserstoffs und die H- und K-Linien des einfach ionisierten Calciums (siehe Kap. 4). Auf eine genaue Beschreibung der Spektraltypen oder eine Anweisung zur Klassifikation muß und kann hier verzichtet werden. Wichtig ist, daß die Folge der Spektralklassen eine Temperaturfolge ist. Tabelle 3.7 zeigt die Zuordnung.

Tabelle 3.7

Spektraltyp	O5	B0	B5	A0	A5	F0	F5	G0
T_e (K)	38 000	33 000	16 500	10 000 (9 700)	8 000	7 200	6 500	6 000

Spektraltyp	G5	K0	K5	M0	M5
T_e (K)	5 300	4 900	4 400	3 300	3 000

(Die Werte für die effektive Temperatur der verschiedenen Spektraltypen weichen in der Literatur nicht unmerklich voneinander ab. Diese Unterschiede und ihre Gründe spielen allerdings im Rahmen der folgenden Betrachtungen keine Rolle)

Das Hertzsprung-Russel-Diagramm (HRD). Die Temperaturen der Sterne streuen über einen weiten Bereich. Die Leuchtkräfte unterscheiden sich um viele Zehnerpotenzen. Trägt man in einem Diagramm die Leuchtkraft gegen die Temperatur auf, könnte man eine mehr oder weniger gleichmäßige Verteilung der eingetragenen Punkte erwarten.

Hertzsprung (1911) und *Russel* (1913) haben als erste Diagramme der erwähnten Art gezeichnet. Hertzsprung wählte Sterne aus mehreren offenen Sternhaufen. Russel wählte Sterne aus der Umgebung der Sonne. In einem HRD wird auf der Abszissenachse der Spektraltyp aufgetragen, links mit O bzw. B beginnend. Auf der Ordinatenachse werden die absoluten Helligkeiten aufgetragen. Die Leuchtkräfte wachsen nach oben, die M-Werte also nach unten. Die Bilder 3.2 und 3.3 zeigen zwei Hertzsprung-Russel-Diagramme. Das

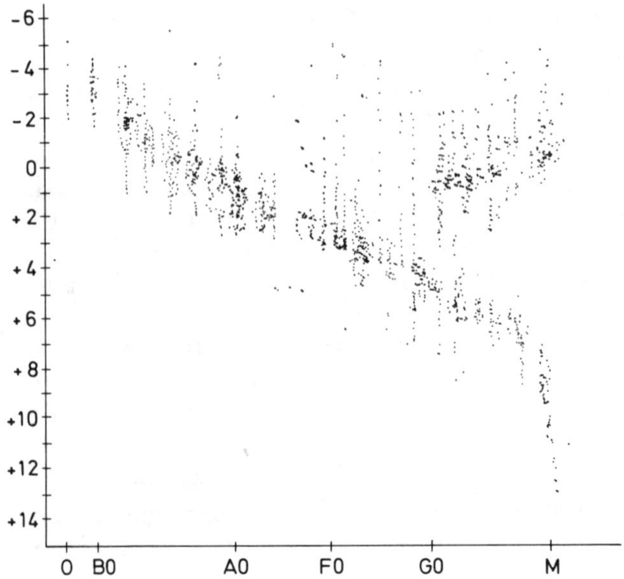

Bild 3.2

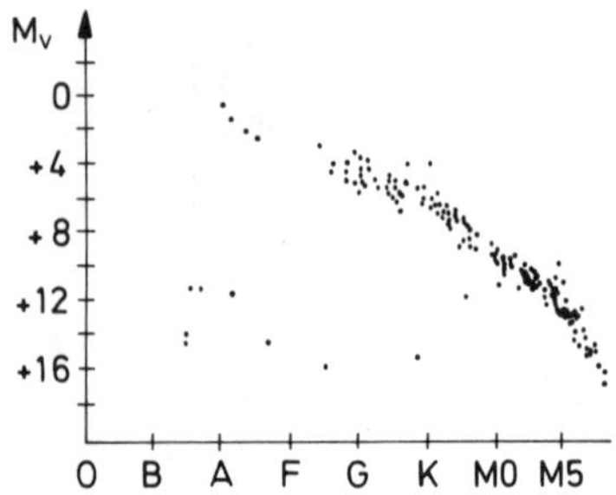

Bild 3.3

erste umfaßt alle Sterne, deren Spektraltyp und absolute Helligkeit ermittelt werden konnten. Das zweite enthält nur Sterne, deren Entfernung von der Sonne nicht größer als 10 pc ist.

Beide Diagramme gestatten wichtige Folgerungen.

1. Es herrscht eine gesetzmäßige Beziehung zwischen der absoluten Helligkeit und dem Spektraltyp bzw. der Leuchtkraft und der Temperatur. Die meisten Sterne – mehr als 95 % – liegen auf einer Reihe, die sich von links oben nach rechts unten erstreckt. Man nennt sie die *Hauptreihe.* Im rechten oberen Teil des Diagramms liegt der sogenannte *Riesenast.*

Aufgaben:

1. Sterne im Riesenast haben eine z. T. wesentlich größere Leuchtkraft als Sterne gleichen Spektraltyps (gleicher Temperatur) auf der Hauptreihe. Was folgt daraus?
2. Berechnen Sie das Verhältnis der Radien zweier Sterne mit gleicher effektiver Oberflächentemperatur, wenn sich ihre absoluten Helligkeiten a) um 5, b) um 10 Größenklassen unterscheiden!

2. In Bild 3.3 sind keine Riesen, aber relativ viele K- und M-Sterne. In Bild 3.2 sind relativ wenig K- und M-Sterne der Hauptreihe. Dagegen ist der Riesenast stark besetzt. Das letztere beruht auf einem Auswahleffekt. Geht man in den scheinbaren Helligkeiten bis zu einer Grenzgröße, dann erfaßt man aus großen Entfernungen nur die sehr leuchtkräftigen Sterne. Die wahre Häufigkeitsverteilung kann nur ermittelt werden, wenn man in genügend großen Räumen möglichst alle Sterne erfaßt.
3. Die Diagramme zeigen, daß eine Einteilung nach Spektralklassen nicht eindeutig ist. Man muß auch die verschiedenen Leuchtkräfte bei gleichem Spektraltyp beachten. Das führt zur Klassifizierung der Sterne nach *Leuchtkraftklassen.*
   Leuchtkraftklasse I : Überriesen
   Leuchtkraftklasse II : Helle Riesen
   Leuchtkraftklasse III : Normale Riesen
   Leuchtkraftklasse IV : Unterriesen
   Leuchtkraftklasse V : Hauptreihensterne-Zwerge
   Leuchtkraftklasse VI : Unterzwerge

Wenn nötig gibt man eine feinere Unterteilung durch Suffixe a, ab, b an, z. B. Ia, Iab, Ib usw. Bei der Kennzeichnung eines Sterns wird dem Spektraltyp die Leuchtkraftklasse hinzugefügt. *Beispiele:*

Sonne: G2V, Sirius: A1V, Spica: B1V, Arcturus: K1III, Polarstern: F8Ib, Beteigeuze: M2I.

Die Unterzwerge sind nicht mit den weißen Zwergen zu verwechseln. Die Unterzwerge liegen im HRD dicht unter der Hauptreihe (2^m), während die weißen Zwerge links unten zu finden sind.

Wenn man alle Sterne bis zur scheinbaren Helligkeit $6{,}0^m$ nach ihrer absoluten Helligkeit M_V ordnet, erhält man folgende Tabelle:

Tabelle 3.8

absolute Helligkeit	$< -6^m$	-6^m bis -4^m	-4^m bis -2^m	-2^m bis 0^m
Anzahl der Sterne	7	162	441	1046

absolute Helligkeit	0^m bis $+2^m$	$+2^m$ bis $+4^m$	$+4^m$ bis $+6^m$	$+6^m$ bis $+8^m$
Anzahl der Sterne	1899	642	120	38

(nach Landolt-Börnstein)

Aufgabe:

3. Ergänzen Sie die Tabelle 3.8 durch die zugehörigen Verhältnisse $\frac{L_*}{L_\odot}$. Dabei soll die absolute Helligkeit M_V der Sonne näherungsweise mit + 5 m angesetzt werden.

Das Farbenhelligkeis-Diagramm (FDH). Statt auf der Abszissenachse die Spektralklassen aufzutragen, kann man auch die Farbindizes B–V benutzen. Wie durch die Spektralklassen werden auch durch sie die Sterne nach ihrer Temperatur geordnet. Bei den Farbindizes U–B besteht in einem gewissen Bereich keine eindeutige Zuordnung zur Temperatur.

Aufgabe:

4. Tragen Sie nach Tabelle 3.6, Seite 72 und Tabelle 3.9 die Temperatur gegen B–V bzw. U–B auf!

Tabelle 3.9

U–B	– 1,07	– 0,56	0,00	+ 0,09	+ 0,02	– 0,01	+ 0,04
T_e	33 000	16 500	10 000	8 000	7 200	6 500	6 000

U–B	+ 0,20	+ 0,46	+ 1,06	+ 1,24	+ 1,19
T_E	5 400	4 700	4 000	3 300	2 600

Das eigentümliche Verhalten der Farbindizes U–B liegt im wesentlichen an dem sogenannten *Balmersprung* im kontinuierlichen Spektrum in der Nähe von 370 nm. Es handelt sich um eine durch Wasserstoff hervorgerufene Absorption. Diese Absorption ist bei A2-Sternen am größten. Farbindizes haben gegenüber den Spektralklassen 2 Vorteile:

1. Sie sind einer unmittelbaren Messung zugänglich und bilden eine kontinuierliche Folge, während die Einteilung nach Spektralklassen bestimmte (empirische) Kriterien erfordert und zu einer diskreten Folge führt.
2. Farbindizes sind mit ausreichender Genauigkeit für weitaus schwächere Sterne zu erhalten als Spektren, die zu einer Klassifikation geeignet sind.

Besonders wichtig und aufschlußreich sind Farben-Helligkeits-Diagramme von Sternhaufen. Man darf mit guter Annäherung annehmen, daß alle Mitglieder eines Sternhaufens die gleiche Entfernung von dem Beobachter haben. Aus $m - M = 5 \lg(r) - 5$ folgt dann, daß $m - M$ eine Konstante ist. Man kann also statt M zunächst m auftragen und ein FHD gewinnen, ohne die absoluten Helligkeiten zu kennen. Es handelt sich bei dieser Darstellung um eine Parallelverschiebung in Richtung der Ordinatenachse. Bild 3.4 zeigt das FDH des Sternhaufens Praesepe im Krebs.

Die Hauptreihe ist wesentlich schärfer definiert als bei den Diagrammen 3.2 und 3.3. Einige Sterne oberhalb der Hauptreihe sind wahrscheinlich Doppelsterne, deren resultierende scheinbare Helligkeit bis zu $0{,}75^m$ über der scheinbaren Helligkeit einer der Komponenten liegt.

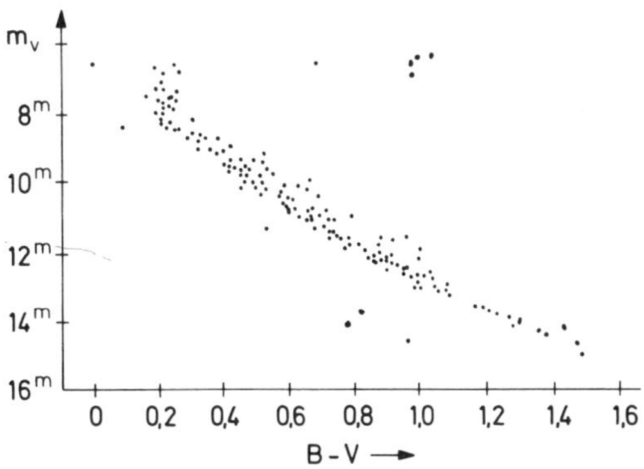

Bild 3.4

Aufgabe:

5. Die Komponenten eines Doppelsterns haben die scheinbaren Helligkeiten m_1 und m_2 mit $m_2 > m_1$. Wie groß ist die scheinbare Gesamthelligkeit m? Welcher Unterschied kann zwischen m und m_1 höchstens bestehen?

Eine merklich größere Gesamthelligkeit erhält man nur, wenn die Differenz der scheinbaren Helligkeiten klein ist. Das Maximum des Unterschieds zwischen der Gesamthelligkeit und der scheinbaren Helligkeit der lichtstärkeren Komponente ergibt sich für $\Delta m = 0$. Dann ist $m_1 - m = 0{,}75$. Ein Doppelstern kann also höchstens um 0,75 m heller sein als die hellere Komponente.

Sterne eines Sternhaufens sind nicht nur gleich weit entfernt. Sie sind auch gleich alt und hatten zu Beginn ihrer Entwicklung die gleiche chemische Zusammensetzung. Deshalb sind sie für den Astronomen besonders interessant.

Wenn es gelingt, auch nur für einen einzigen Stern eines Sternhaufens die absolute Helligkeit zu bestimmen, dann kennt man $m - M$, den Entfernungsmodul, und damit auch die Entfernung r. Auf Schwierigkeiten, die durch interstellare Absorption entstehen, kann hier nicht eingegangen werden.

In Wirklichkeit wird man natürlich versuchen, von möglichst vielen Sternen die absolute Helligkeit zu ermitteln. Man kann z. B. die Beziehung zwischen den Spektralklassen und den absoluten Helligkeiten zu diesem Zweck benutzen. Tabelle 3.10 gibt den Zusammenhang zwischen den Spektralklassen, M_v und B–V.

Tabelle 3.10

Spektralklasse	B0	B5	A0	A5	F0	F5	G0	G5
M_v	$-4{,}2^m$	$-1{,}0^m$	$+1{,}0^m$	$+2{,}1^m$	$+2{,}7^m$	$+3{,}6^m$	$+4{,}6^m$	$+5{,}2^m$
B–V	−0,31	−0,17	0,0	+0,16	+0,30	+0,45	+0,57	+0,70

Spektralklasse	K0	K5	M0	M5
M_v	$+5{,}8^m$	$+7{,}5^m$	$+8{,}9^m$	$+12{,}3^m$
B–V	+0,84	+1,11	+1,39	+1,61

Aufgaben:

6. Bestimmen Sie aus Bild 3.4 unter Benutzung der Tabelle 3.10 für 5 Werte von B–V die absoluten Helligkeiten der entsprechenden Sterne in der Praesepe und berechnen Sie dann – ohne Berücksichtigung einer eventuellen interstellaren Absorption – die Entfernung des Sternhaufens!

7. Die Entfernung der Praesepe wird mit 159 pc angegeben. Berechnen Sie aus dem Unterschied gegen den in der vorhergehenden Aufgabe ermittelten Wert von 151 pc die Schwächung der scheinbaren Helligkeit im visuellen Bereich durch die interstellare Absorption.

Zustandsdiagramme. Statt M kann man auch die Leuchtkraft L, statt B–V die Temperatur T_e zur Bildung eines Diagramms benutzen. Man erhält dann ein sogenanntes Zustandsdiagramm. Als Ordinate wählt man meistens $\lg \frac{L_*}{L_\odot}$ und als Abszisse $\lg T_e$, wobei entgegengesetzt sonstigem Gebrauch abnehmende Werte von $\lg T_e$ nach rechts aufgetragen werden. Selbstverständlich sind Hertzsprung-Russel-Diagramme, Farben-Helligkeitsdiagramme und Zustandsdiagramme nur verschiedenartige Darstellungen desselben Zusammenhangs. Doch kann man aus einem Zustandsdiagramm recht leicht eine Aussage z. B. über die Radien verschiedener Sterne erhalten. Nach Gl. (3.7) gilt

$$\frac{L_*}{L_\odot} = \left(\frac{R_*}{R_\odot}\right)^2 \left(\frac{T_*}{T_\odot}\right)^4$$

bzw.

$$\lg \frac{L_*}{L_\odot} = 4 \cdot \lg T_* + 2 \cdot \lg \frac{R_*}{R_\odot} - 4 \cdot \lg T_\odot. \tag{3.12}$$

Im $\lg \frac{L_*}{L_\odot} / \lg T_*$-Diagramm liegen also alle Sterne mit einem bestimmten Verhältnis $\frac{R_*}{R_\odot}$ auf einer (fallenden) Geraden.

Aufgabe:

8. Zeichnen Sie in ein Diagramm, in dem die Leuchtkraftverhältnisse $\frac{L_*}{L_\odot}$ von $1 : 10^2$ bis $10^5 : 1$ und die Temperaturen T_e von 3 000 K bis 25 000 K reichen, die in Tabelle 3.11 aufgeführten Sterne ein. Zeichnen Sie auch die Geraden ein, auf denen alle Sterne mit den Radienverhältnissen $\frac{R_*}{R_\odot} = 100, 10, 1, 1/10, 1/100$ liegen.

Tabelle 3.11

Stern	M_V	T_e	Stern	M_V	T_e
Sonne	+ 4,79	5 770	Castor α-Gem	+ 0,8	10 600
Deneb α-Cygni	− 7,2	11 000	Pollux β-Gem	+ 1,0	4 900
Rigel β-Orionis	− 7,0	12 300	Sirius α-CMa	+ 1,4	11 000
Beteigeuze α-Orionis	− 5,9	3 300	Procyon α-CMi	+ 2,7	7 500
Polarstern α-UMi	− 4,5	6 300	α-Centauri	+ 4,4	5 700
Spica α-Virginis	− 3,1	22 400	Sirius B	+ 11,5	32 000
Regulus α-Leonis	− 0,8	13 400	Procyon B	+ 13,1	7 500
Arctur α-Bootis	− 0,2	4 100	v. Maanen	+ 14,2	7 000
Wega α-Lyrae	+ 0,5	11 900	Proxima-Cent.	+ 15,1	2 600

Für die Sterne der Hauptreihe gibt es einen weiteren wichtigen Zusammenhang zwischen zwei Zustandsgrößen: die *Masse-Leuchtkraft-Beziehung.* Tabelle 3.12 enthält die mittleren Massen von Hauptreihensternen und die zugehörigen Leuchtkräfte. Die entsprechenden Werte der Sonne sind als Einheit benutzt.

Tabelle 3.12

$\frac{L_*}{L_\odot}$	$\frac{m_*}{m_\odot}$	$\frac{L_*}{L_\odot}$	$\frac{m_*}{m_\odot}$	$\frac{L_*}{L_\odot}$	$\frac{m_*}{m_\odot}$
308 000	23	19,4	2,1	0,06	0,50
59 000	15,5	5,9	1,5	0,04	0,44
12 250	10,5	2,1	1,2	0,02	0,33
3 370	7,6	0,9	0,97	0,009	0,23
930	5,5	0,4	0,81	0,005	0,16
213	3,8	0,21	0,71	0,002	0,12
93	3,0	0,11	0,58		

Aufgabe:

9. Tragen Sie $\lg \frac{L}{L_\odot}$ gegen $\lg \frac{m}{m_\odot}$ auf!

Man kann die Beziehung zwischen Masse und Leuchtkraft nicht durch eine einzige Funktion beschreiben. Die Theorie bietet nur Abschätzungen. Für sie ist die empirisch gefundene Masse-Leuchtkraft-Beziehung aber wichtig, weil sie eine erste und enge Beziehung zwischen der Theorie des Sternaufbaus und der Beobachtung herstellt. Wegen ihres völlig anderen inneren Aufbaus fügen sich die Riesen und die weißen Zwerge nicht in die durch Tabelle 3.12 gegebene Beziehung ein. Da man Massen aus ihren Gravitationswirkungen nur für sehr wenige Sterne bestimmen kann, ist das Masse-Leuchtkraft-Diagramm ein unentbehrliches Hilfsmittel, wenn man eine Aussage über die Massenverteilung in großen Räumen braucht. Das ist z. B. der Fall bei der Frage nach der Dynamik des Milchstraßensystems.

3.2.5 Temperaturen von Planeten und Monden

a) Körper ohne Eigenwärme

Unter der Albedo (Weiße, Reflexionsvermögen) A eines Körpers versteht man das Verhältnis der allseitig gestreuten zu der einfallenden Strahlung. Der Bruchteil $1 - A$ wird absorbiert, in Wärme verwandelt und in anderen Frequenzen wieder abgestrahlt. Nimmt man zunächst an, daß ein Planet oder Mond wie ein schwarzer Körper strahlt, dann beträgt die pro Flächen- und Zeiteinheit abgegebene Energie σT_P^4, wobei T_P die Temperatur des Planeten ist. Die von dem Planeten pro Flächen- und Zeiteinheit aufgenommene Energie hängt von seiner Entfernung a_P von der Sonne und seiner Albedo A ab. Für die pro Flächeneinheit absorbierte Leistung gilt, wenn a_E die Entfernung der Erde von der Sonne und S die Solarkonstante ist

$$P_{abs} = (1 - A) \cdot S \cdot \left(\frac{a_E}{a_P}\right)^2 . \qquad (3.13a)$$

Hat sich Gleichgewicht zwischen aufgenommener und abgestrahlter Energie eingestellt, herrscht eine Temperatur, die nach folgender Beziehung berechnet werden kann:

$$\sigma \cdot T_P^4 = (1 - A) \cdot S \cdot \left(\frac{a_E}{a_P}\right)^2 . \qquad (3.13b)$$

Planeten und Monde strahlen nicht wie schwarze Körper. Zur linken Seite der Gl. (3.13b) tritt deshalb ein Faktor ungleich 1, der aber meist nicht stark von 1 abweicht. Da zur Berechnung von T die 4. Wurzel gezogen werden muß, spielt dieser Faktor keine bedeutende Rolle.

Zunächst soll angenommen werden, daß der Planet oder der Mond sich so langsam in bezug auf die Sonne dreht, daß man die Wirkung einer Rotation auf die sich einstellende Temperatur an der Oberfläche vernachlässigen kann. Dann kann man die obige Beziehung ohne Korrektur benutzen. Bei schneller Rotation bietet der Planet (Mond) der einfallenden Strahlung nicht die Fläche πr_P^2, sondern die Fläche $4 \pi r_P^2$. Zwischen der maximalen Temperatur T_{max} ohne Rotation und der mittleren Temperatur $\overline{T}$ bei genügend schneller Rotation besteht die Beziehung

$$T_{max}^4 = 4 \cdot \overline{T}^4 \qquad (3.14a)$$

oder

$$T_{max} \approx 1{,}4 \cdot \overline{T} \quad \text{bzw.} \quad \overline{T} \approx 0{,}71 \cdot T_{max} . \qquad (3.14b)$$

T_{max} nennt man die theoretische Strahlungstemperatur.

Zur Berechnung der Temperaturen T_{max} oder $\overline{T}$ ist u. a. die Kenntnis der Albedo nötig. In der Tabelle 3.13 sind einige Werte aus Landolt-Börnstein angegeben.

Jo, Europa, Ganymed und Callisto sind die vier Galileischen Monde des Jupiters. Titan ist der größte Mond des Saturns, Triton der größte Mond des Neptuns.

Tabelle 3.13

	Merkur	Venus	Erde	Mars	Jupiter	Saturn	Uranus	Neptun	Pluto
A	0,06	0,76	0,39	0,16	0,67	0,69	0,70	0,70	0,14
T_{max} (K)	623	324	348	305	131	95	67	53	60
$\overline{T}$ (K)			246	216	93	67	47	37	42

	Mond	Jo	Europa	Ganymed	Callisto	Titan	Triton
A	0,07	0,54	0,73	0,34	0,15	0,24	0,32
T_{max} (K)	156	142	124	156	167	118	66
$\overline{T}$ (K)	274	101	88	111	119	84	47

Die wirklichen Temperaturen in bestimmten Schichten der Atmosphäre oder, wenn diese durchlässig genug ist, an der Oberfläche werden durch Messungen im Infraroten oder im mm- bis dm-Gebiet der Radiowellen ermittelt. Die Oberflächentemperatur der Venus ist unmittelbar durch Sonden gemessen worden. Es werden Werte um 780 K angegeben.

b) Körper mit Eigenwärme

Messungen im Infraroten bei 20 μm und 40 μm haben gezeigt, daß die thermische Strahlung des Jupiters die Einstrahlung durch die Sonne um das Doppelte oder sogar etwas mehr übersteigt. Jupiter muß also noch eine beträchtliche Eigenwärme besitzen. Die Ursache hierfür ist noch nicht bekannt.

3.2.6 Atmosphären von Planeten und Monden

Ob ein Planet oder Mond eine Atmosphäre halten kann, hängt von mehreren Faktoren ab.

1. Je größer die Schwerebeschleunigung g ist, desto besser können Gase trotz der Bewegung ihrer Teilchen gehalten werden. Bei ausgedehnten Atmosphären muß man beachten, daß g mit der Höhe abnimmt. Es gilt

$$g_0 = G \cdot \frac{M}{R^2} \quad \text{und} \quad g(h) = G \cdot \frac{M}{(R+h)^2}. \tag{3.15}$$

Für den wohl meist zutreffenden Fall $h \ll R$ kann man folgende Näherung benutzen:

$$\frac{1}{(R+h)^2} = \frac{1}{R^2} \cdot \frac{1}{\left(1+\frac{h}{R}\right)^2} \approx \frac{1}{R^2} \cdot \frac{1}{1+2\frac{h}{R}} \approx \frac{1}{R^2}\left(1-2\frac{h}{R}\right).$$

Daher ist

$$g(h) \approx g_0 \cdot \left(1-2\frac{h}{R}\right). \tag{3.16}$$

Von g_0 bzw. $g(h)$ hängt die Entweichgeschwindigkeit v_e ab. Aus den Beziehungen

$$\frac{1}{2} \cdot m v_e^2 = G \cdot \frac{m \cdot M}{R+h} \quad \text{und} \quad g(h) = G \cdot \frac{M}{(R+h)^2}$$

folgt

$$v_e = \sqrt{2 \cdot g(h) \cdot (R+h)} \approx \sqrt{2 g_0 \cdot \left(1-2\frac{h}{R}\right) \cdot (R+h)} \tag{3.17}$$

$$v_e \approx \sqrt{2 \cdot g_0 \cdot (R-h)}$$

2. In den äußersten Schichten der Atmosphäre darf die mittlere Geschwindigkeit $\overline{v}$ der Moleküle oder Atome infolge der Wärmebewegung nicht zu groß sein. Es wird geschätzt, daß Atmosphären für astronomische Zeiten, also Zeiten in der Größenordnung von einigen 10^8 a, stabil sind, wenn $\overline{v} < 0{,}2 \cdot v_e$ ist.
3. Es ist wichtig, aus welchen Bestandteilen die Atmosphäre zusammengesetzt ist. Wasserstoff wird natürlich nicht so gut gehalten wie etwa CO_2.
4. Unter Umständen ist in Betracht zu ziehen, daß eine Entgasung des Planeten oder Mondes stattfinden kann. Aus mehr oder weniger tiefen Schichten können Gase an die Oberfläche treten und dort einige Zeit festgehalten werden. In diesem Fall ist das Verhältnis der ausströmenden zu der in den interplanetaren Raum entweichenden Gasmenge wichtig.

Aus Gl. (3.1), Seite 63, ergibt sich $\overline{v} = \sqrt{\frac{3kT}{m}}$. m ist die Masse eines Moleküls oder Atoms.

Tabelle 3.14 enthält einige Beispiele für $\overline{v}$ und zur Benutzung des oben genannten Kriteriums auch den für den Planeten oder Mond gültigen Wert von $0{,}2 \cdot v_e$.

Man darf die Aussagekraft der in der Tabelle 3.14 aufgeführten Werte nicht überschätzen. Es ist z. B. bekannt, daß die mittlere Temperatur der Erde 15 °C oder 288 K beträgt. Sie liegt damit rund 40 K über $\overline{T}$. Das beruht auf dem sogenannten Treibhauseffekt, der bei allen Planeten mit dichteren Atmosphären zu erwarten ist. Auf der Venus ist der Treibhauseffekt wesentlich höher. Wenn man hier wegen der langsamen Rotation mit der theoretischen Strahlungstemperatur $T_{max} = 324$ K rechnet, muß man rund 400 K auf den Treibhauseffekt zurückführen. Für Mars stimmt die berechnete Temperatur $\overline{T} = 216$ K (schnelle Rotation) praktisch mit der Temperatur überein, die durch Messung der Radioemission ermittelt worden ist. Das liegt an der sehr dünnen Atmosphäre dieses Planeten.

Tabelle 3.14

	T_{max} $\bar{T}$ K	$\bar{v}$ km s^{-1} H_2	 N_2	 O_2	 CO_2	 CH_4	$0{,}2 \cdot v_e$ km s^{-1}
Merkur	623 –	2,78	0,74	0,69	0,59	0,98	0,85
Venus	324 –	2,00	0,54	0,50	0,43	0,71	2,1
Erde	348 246	2,08 1,74	0,55 0,47	0,52 0,44	0,44 0,37	0,73 0,62	2,24
Mond	386 –	2,19	0,58	0,55	0,47	0,78	0,48
Mars	305 216	1,94 1,63	0,52 0,44	0,49 0,41	0,41 0,35	0,69 0,58	1,0
Jupiter	131 93	1,27 1,07	0,34 0,29	0,32 0,27	0,27 0,23	0,45 0,45	12,0
Saturn	95 67	1,08 0,91	0,29 0,24	0,27 0,23	0,23 0,19	0,38 0,32	7,1
Titan	118 84	1,21 1,02	0,32 0,27	0,30 0,25	0,26 0,22	0,43 0,36	0,54

Natürlich können auch die gemessenen Temperaturen – z. B. 700 K für die Venus, 288 K für die Erde – nicht unmittelbar zur Berechnung der thermischen Geschwindigkeit benutzt werden. Denn das Entweichen spielt sich in den äußersten Schichten der Atmosphäre ab und die genannten Temperaturen gelten für die Oberfläche. Weiter ist zu beachten, ob man bei der Messung des Radius höhere Schichten der Atmosphäre mit einschließt oder nicht. Venus, Jupiter und Saturn z. B. sind von einer dichten Wolkenschicht umgeben, so daß man den Radius des eigentlichen Planetenkörpers nicht direkt erhält. Merkur, Mars und der Mond dagegen bieten dem Beobachter die feste Oberfläche.

Aufgaben:

1. Wie groß ist die Entweichgeschwindigkeit aus dem Gravitationsfeld der Erde in 100 km, 200 km, 300 km Höhe?
2. Wie groß ist die Entweichgeschwindigkeit an der Oberfläche der Sonne? Wie groß sind die thermischen Geschwindigkeiten von H, He, N und O bei 5 770 K?

Über die Atmosphären der Planeten und einiger Monde ist zur Zeit folgendes bekannt:

Merkur: Nach Messungen durch Mariner 10 ist es nicht ausgeschlossen, daß der Merkur eine äußerst dünne Atmosphäre besitzt.

Venus: Die Atmosphäre der Venus besteht zu mindestens 95 % aus CO_2. N_2 und H_2O sind in geringem Maße vorhanden. Spuren von HCl und HF sind nachgewiesen. Die Atmosphäre ist sehr dicht. Der Druck an der Venusoberfläche beträgt etwa 9 500 ... 10000 kPa (95 ... 100 atm). Die Temperatur liegt zwischen 740 K und 780 K. Der untere Teil der Atmosphäre, etwa bis 40 km oder 35 km, scheint ziemlich frei von Aerosolen zu sein. Es wird also keine Staubstürme geben, wie sie z. B. von *Öpik* angenommen wurden. In größeren Höhen gibt es mehrere dichte Wolkenschichten, die bis ungefähr 70 km reichen. Es ist noch nicht mit Sicherheit bekannt, woraus die Wolken bestehen.

Mars: Auch die Marsatmosphäre besteht im wesentlichen aus CO_2, 95 %. In geringen Mengen existieren H_2O und CO. Messungen der sowjetischen Raumsonde Mars 6 und spektroskopische Untersuchungen amerikanischer Astronomen ließen es als möglich erscheinen, daß ein verhältnismäßig großer Prozentsatz der Marsatmosphäre aus Argon besteht – es wurden etwa 30 % genannt. Dieses Argon sollte in den oberflächennahen Schichten des Mars durch radioaktiven Zerfall von ^{40}K gebildet werden und durch Entgasung in die Atmosphäre gelangen. Die am 20. Juli 1976 auf dem Mars gelandete Sonde Viking I hat nun bei ihrem Abstieg durch die Atmosphäre festgestellt, daß der Argongehalt nur etwa 1,6 % beträgt. Neben dieser Richtigstellung ist es gelungen, eine geringe Menge von Stickstoff, 2,7 %, und 0,3 % Sauerstoff nachzuweisen.

Jupiter: Die Atmosphäre des Jupiters besteht im wesentlichen aus Wasserstoff und Helium, etwa im Verhältnis 10 : 1 (nach Molekül- bzw. Atomzahlen). Die Existenz von H_2 ist 1960 sichergestellt worden. Schon 1932 hat *R. Wildt* Methan und Ammoniak nachgewiesen. Astronomen des Kitt Peak National Observatory haben 1974 Spuren von Äthan (C_2H_6) und Azetylen (C_2H_2) entdeckt. Diese komplizierteren Moleküle können aus den Spaltprodukten von CH_4 und NH_3 entstehen. Die Spaltung erfolgt durch die UV-Strahlung der Sonne.

Saturn, Uranus, Neptun: Aus den Spektren dieser Planeten kann man schließen, daß die Zusammensetzung ihrer Atmosphäre weitgehend derjenigen des Jupiters gleicht.

Erdmond: Man kann auch bei unserem Mond von einer Atmosphäre sprechen. Immer wieder treten Gase aus der Oberfläche aus. Diese werden allerdings innerhalb von Wochen oder Monaten durch den Sonnenwind fortgetrieben. Messungen haben ergeben, daß nahe der Oberfläche in 1 cm^3 weniger als 10^7 Atome oder Moleküle sind. Die gesamte Masse der Atmosphäre wird auf 10^4 kg geschätzt. Die Masse der irdischen Atmosphäre beträgt etwa $5{,}3 \cdot 10^{18}$ kg.

Titan: Titan ist bisher der einzige Mond, bei dem in Spektren Banden von CH_4 und H_2 nachgewiesen worden sind. Polarisationsmessungen lassen darauf schließen, daß Titan von einer dicken Wolkenschicht umgeben ist. Trotz der geringen Temperatur von 118 K können H_2-Moleküle infolge ihrer thermischen Geschwindigkeit entweichen ($\bar{v}_{th} = 1{,}2\ \mathrm{km\,s^{-1}}$, $v_e = 0{,}54\ \mathrm{km\,s^{-1}}$). Zur Erklärung des nachweisbaren Anteils von H_2 in der Titanatmosphäre kann man annehmen, daß aus einer sehr dicken Schicht gefrorener Stoffe Gase verdampfen, durch deren Dissoziation immer wieder H_2 nachgeliefert wird.

Die großen Monde des Jupiter: Ein spektroskopischer Nachweis für vermutete Atmosphären liegt noch nicht vor. Doch gibt es für Jo und Europa interessante Beobachtungen. Beide Monde erscheinen heller, wenn sie aus dem Schatten des Jupiters austreten, Jo für etwa 15 min um $0{,}09^m$, Europa für 10 min um $0{,}03^m$. Da die Monde sich über zwei Stunden im Schatten aufhalten, sinkt die Temperatur auf ihnen so weit ab, daß ein Teil der atmosphärischen Gase ausfriert. Die entstandenen Eisschichten sind nun bis zu ihrer Auflösung die Ursache für das bessere Reflexionsvermögen.

4 Linienspektren, Dopplereffekt

Die Spektralanalyse führt zu einer Fülle interessanter und wichtiger Einsichten. Man erhält nicht nur Auskunft über die chemische Zusammensetzung der Gestirne und interstellaren Materie, sondern auch über ihre Bewegung und die im Weltall herrschenden physikalischen Bedingungen.

4.1 Notwendige Kenntnisse aus der Physik

4.1.1 Linien-(und Banden-)Spektren

Zerlegt man das Licht leuchtender Gase, so erhält man ein Linienspektrum. Jedes Element und jedes Molekül erzeugt charakteristische Linien. Diese können bei Emission oder Absorption auftreten. Eine gesetzmäßige Folge von Linien bezeichnet man als Serie. Am einfachsten sind die Serien des Wasserstoffatoms, die Lyman-, Balmerserie usw. Eine Linie, also Licht einer bestimmten Frequenz, wird ausgesandt, wenn ein Atom (Molekül) von einem höheren in einen niedrigeren Energiezustand übergeht. Der Zusammenhang zwischen Frequenz und Energieänderung ist durch die Bohrsche Frequenzbedingung gegeben:

$$h\nu = \Delta E. \tag{4.1}$$

Bei Absorption entstehen Linien, wenn Atome (Moleküle) aus einem kontinuierlichen Spektrum Licht absorbieren. Sie gehen dann von einem niedrigeren in einen höheren Energiezustand über. Wenn die absorbierte Energie dazu dient, die lokale Temperatur in dem absorbierenden Bereich aufrechtzuerhalten oder zu erhöhen, spricht man von *wahrer Absorption.* Damit ist eine Reemission über einen weiten Frequenzbereich verbunden. Wird die Strahlung, die bei der Frequenz ν absorbiert wurde, bei der gleichen Frequenz wieder ausgestrahlt, handelt es sich um *Streuung. Für die Entstehung von Absorptionslinien in Sternspektren ist im wesentlichen die Streuung verantwortlich.*

Jede Linie besitzt eine *natürliche Breite.* Am einfachsten läßt sich diese Tatsache mit Hilfe der quantenmechanischen Unbestimmtheitsrelation

$$\Delta E \cdot \Delta t \approx \hbar, \quad \hbar = \frac{h}{2\pi} \tag{4.2}$$

erklären. Im tiefsten Energieniveau besitzt ein Atom eine „unendliche" Lebensdauer Δt. Dann aber ist $\Delta E = 0$. Das Energieniveau ist scharf. In einem höheren Energieniveau besitzt ein Atom nur eine beschränkte Lebensdauer ($\approx 10^{-8}$ s). Das Energieniveau ist also verbreitert (Bild 4.1).

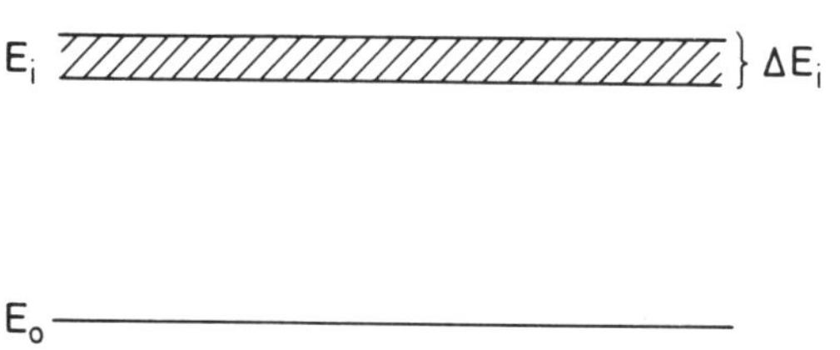

Bild 4.1

Nach der Bohrschen Frequenzbedingung entsteht beim Übergang aus dem i-ten Niveau in das Grundniveau eine Linie der Breite

$$\Delta\nu = \frac{\Delta E_i}{h}. \tag{4.3}$$

Beim Übergang zwischen zwei Energieniveaus, die beide über dem Grundniveau liegen, spielt natürlich die Breite beider Niveaus eine Rolle.

Es gibt Energiezustände, deren Lebensdauer ungewöhnlich groß ist (u. U. viele Sekunden). Man nennt sie *metastabile Zustände.* Die zugehörigen Energieniveaus sind sehr scharf. Linien, die beim Übergang von diesen Niveaus in den Grundzustand entstehen, sind entsprechend schmal.

Die Spektrallinien besitzen ein *Profil.* Bild 4.2 zeigt schematisch den Intensitätsverlauf innerhalb einer Fraunhoferlinie.

Bild 4.3 zeigt das mit einem Mikrophotometer gewonnene Profil der D-Linien des Natriums im Sonnenspektrum.

Wichtig sind die Begriffe *Restintensität, Halbwertsbreite* und *Äquivalentbreite.* Die ersten beiden sind aus Bild 4.2 ohne weiteres verständlich. Die Äquivalentbreite gibt die Breite eines rechteckigen Streifens im Spektrum an, der die gleiche Fläche wie die wirkliche Linie besitzt.

Die Berechnung des genauen Linienprofils aus den Bedingungen in der Sternatmosphäre ist sehr kompliziert und meist nur mit großen und schnellen Rechenanlagen möglich.

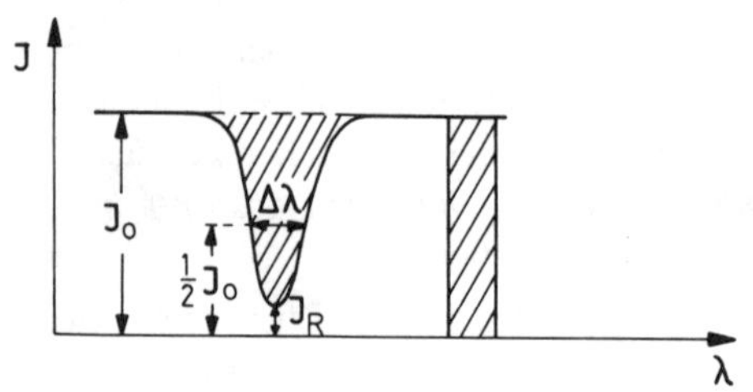

Bild 4.2

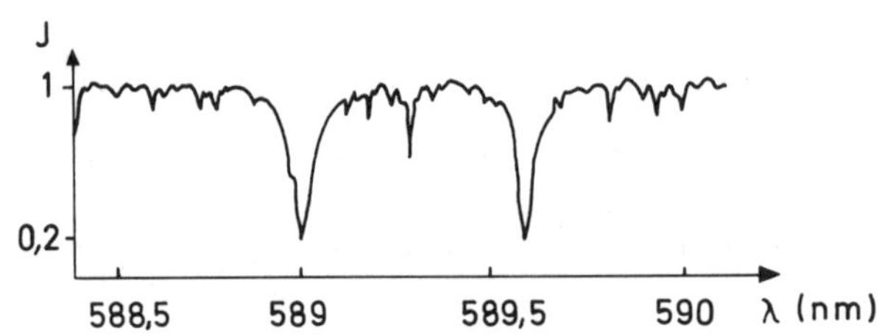

Bild 4.3

4.1.2 Doppler-Effekt

Der optische Doppler-Effekt unterscheidet sich von dem akustischen, weil es bei der Ausbreitung des Lichts im Vakuum kein Medium gibt, in bezug auf das die Bewegung einer Lichtquelle oder eines Beobachters festgestellt werden könnte. Hier spielt nur die relative

Bewegung zwischen Beobachter und Lichtquelle eine Rolle. Statt der drei Fälle – 1. der Beobachter ruht, die Quelle bewegt sich, 2. der Beobachter bewegt sich, die Quelle ruht, 3. Beobachter und Quelle bewegen sich, wobei in allen drei Fällen die Bewegung in bezug auf das Medium, in dem der Schall sich ausbreitet, betrachtet wird – gibt es in der Optik nur einen Fall und eine Beziehung:

$$\nu = \nu_0 \left(1 - \frac{v_r}{c}\right). \tag{4.4}$$

Bewegungen aufeinander zu werden in der Astronomie durch eine negative Geschwindigkeitskomponente in der Gesichtslinie – Radialgeschwindigkeit v_r –, Bewegungen, die zu einer wachsenden Entfernung führen, mit positiver Komponente angegeben. Deshalb muß in Gleichung (4.4) ein Minuszeichen stehen. Gl. (4.4) läßt sich umformen:

$$\frac{\nu_0 - \nu}{\nu_0} = \frac{v_r}{c}.$$

Mit $\nu_0 - \nu = \Delta\nu$ erhält man

$$\Delta\nu = \nu_0 \cdot \frac{v_r}{c}. \tag{4.5a}$$

Setzt man $\lambda - \lambda_0 = \Delta\lambda$, so kann man auch schreiben

$$\Delta\lambda = \lambda_0 \cdot \frac{v_r}{c}. \tag{4.5b}$$

Die Beziehungen (4.4), (4.5a) und (4.5b) gelten nur, solange $v_r \ll c$ ist. Es gibt aber Geschwindigkeiten kosmischer Objekte – entfernte Sternsysteme, Quasare –, für die diese Bedingung nicht mehr gilt. Man hat Verschiebungen im Spektrum einzelner Objekte gemessen, für die $\frac{\Delta\lambda}{\lambda_0} > 1$ ist. Aus Gl. (4.5b) würde dann $v_r > c$ folgen.

Falls v_r im Vergleich mit c nicht mehr verschwindend klein ist, muß die aus der Relativitätstheorie folgende Beziehung benutzt werden. Sie soll hier ohne Herleitung mitgeteilt werden:

$$\frac{\Delta\lambda}{\lambda_0} = \sqrt{\frac{1+\beta}{1-\beta}} - 1; \quad \beta = \frac{v_r}{c}. \tag{4.6}$$

Aufgabe:

Zeigen Sie, daß die Beziehung (4.6) für $\beta \ll 1$ in die nichtrelativistische Beziehung (4.5b) übergeht!

4.2 Astronomische Probleme

4.2.1 Qualitative Spektralanalyse

Die Information durch Spektren, insbesondere Linienspektren, ist viel größer, als oft bei erster und nur oberflächlicher Beschäftigung mit diesem Gebiet angenommen wird.

Das Sonnenspektrum. *Fraunhofer* veröffentlichte 1814 ein Verzeichnis von 567 Absorptionslinien im Sonnenspektrum. Heute sind allein im Bereich von 293,5 nm bis 877 nm rund 22 000 Linien bekannt. Sie sind z. B. in den Rowland Tafeln auf 10^{-4} nm genau angegeben. Eine größere Anzahl von Linien entsteht in der Erdatmosphäre. Man muß entscheiden, welche Linien *terrestrischen* und welche *solaren* Ursprungs sind. Dazu gibt es mehrere Möglichkeiten:

1. Mit zunehmender Höhe der Sonne über dem Horizont muß die Intensität der terrestrischen Linien abnehmen, während die der solaren Linien konstant bleibt.
2. Benutzt man zur Aufnahme des Spektrums Licht vom Ost- oder Westrand der Sonne, so zeigen die solaren Linien eine Dopplerverschiebung (vom Ostrand zu kürzeren, vom Westrand zu längeren Wellenlängen) (Bild 4.4).
3. Die bei feuchter und trockener Atmosphäre aufgenommenen Spektren unterscheiden sich durch die Anzahl der Linien. Viele Linien entstehen durch den Wasserdampf in der Erdatmosphäre. Man spricht auch von Regenbanden (Bild 4.5).

Die *Identifizierung,* d. h. die Zuordnung von beobachteten Linien zu Elementen oder Verbindungen, die diese Linien erzeugen, geschieht mit Hilfe von Spektren, die im Laboratorium gewonnen worden sind. Diese Aufgabe ist allerdings wesentlich schwieriger, als es scheint. Es ist u. a. folgendes zu beachten:

1. Bei der großen Anzahl von Linien im Sonnenspektrum muß man sich vor zufälligen Koinzidenzen hüten.
2. Gelegentlich werden im Sonnenspektrum schwache Linien von starken überdeckt, so daß sie sich der Beobachtung entziehen.
3. Lage, Form oder Profil, Restintensität und Äquivalentbreite der Linien hängen von den Bedingungen ab, unter denen diese Linien entstehen. Es ist aber nicht möglich, die Bedingungen auf der Sonne im Laboratorium nachzuahmen. Sie sind zunächst auch gar nicht bekannt. Man möchte diese Bedingungen ja gerade durch das Studium des Spektrums kennen lernen.

Zur sicheren Identifizierung stützt man sich auf die Erkenntnisse der Atomtheorie, die u. a. für bestimmte Elemente Serien voraussagt. Wenn man glaubt, eine Linie einem bestimmten Element zuordnen zu können, muß man nach den anderen Mitgliedern der Serie suchen, zu der diese eine Linie gehört.

Von den Linien zwischen 293,5 nm und 877,0 nm sind zur Zeit 73 % identifiziert. Unter ihnen sind Linien zweiatomiger Moleküle wie CH, CN, CO, C_2, MgH, OH. Diese Moleküle treten in stärkerem Maße im Bereich der *Sonnenflecken* auf. Wegen der geringeren Temperatur in den Flecken (siehe Seite 65) ist die Möglichkeit zur Bildung der Moleküle und ihre Lebensdauer dort größer.

63 Elemente sind mit Sicherheit auf der Sonne nachgewiesen. Zu den noch nicht nachgewiesenen Elementen gehören z. B. Ar, Bi, Hg, Ne, Tl, U. Auch diese Elemente werden auf der Sonne vorhanden sein. Doch ist ihr Nachweis aus verschiedenen Gründen recht schwierig.

Sternspektren. Das Spektrum der Sonne kann auf viele Meter auseinandergezogen werden. Man erhält so ein sehr gutes Auflösungsvermögen. In dem mit dem Turmteleskop der Mount Wilson Sternwarte und dem zugehörigen Gitterspektrographen erzeugten Sonnen-

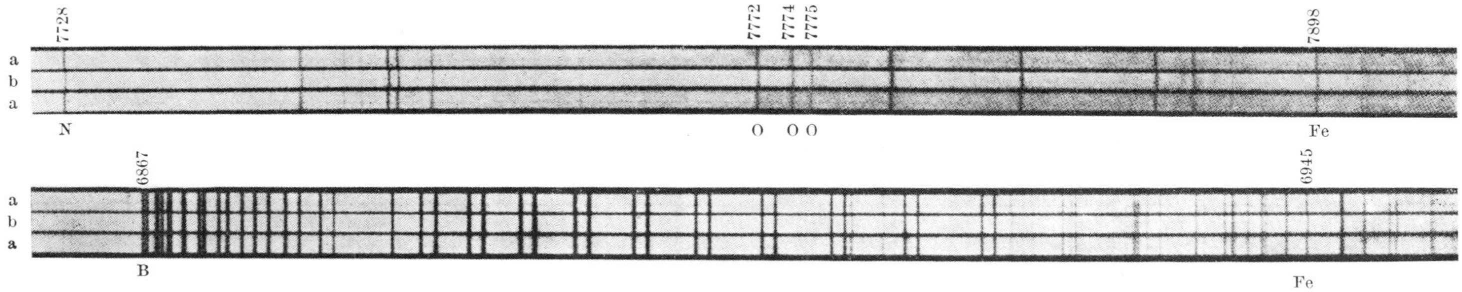

Bild 4.4 Teile des Sonnenspektrums. Oben von λ 7728 bis λ 7898 mit Linien solaren Ursprunges, unten: Gegend der *B*-Bande des O_2 mit Linien terrestrischen Ursprunges. *a* Ostrand, *b* Westrand. (Nach Meggers)

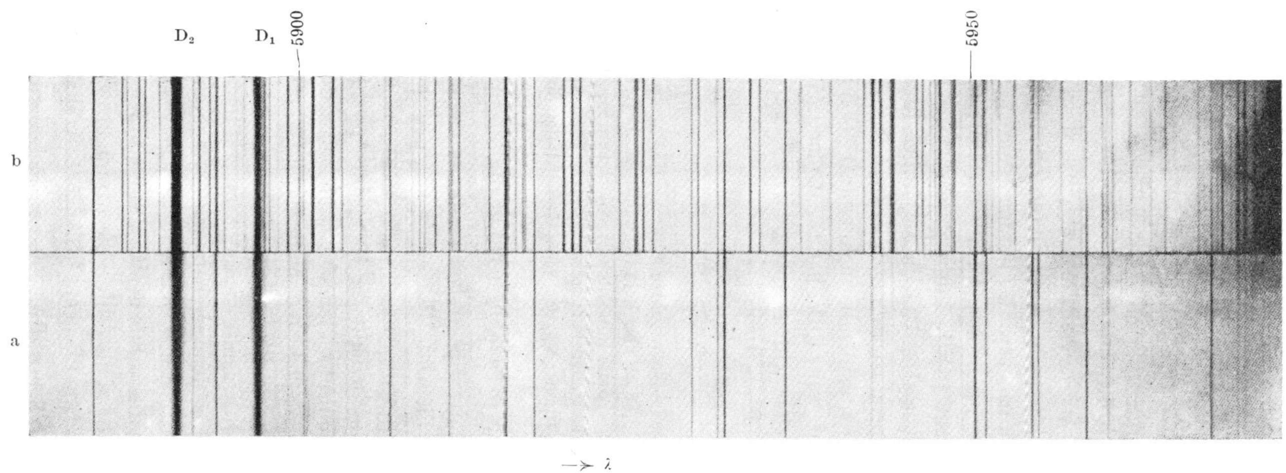

Bild 4.5 Das Sonnenspektrum in der Gegend der *D*-Linien des Na. Obere Aufnahme: bei feuchtem Wetter. Untere Aufnahme: bei trockenem Wetter. (Nach Jewell)

spektrum haben z. B. die D-Linien des Natriums in der 3. Ordnung einen Abstand von 29 mm (λ_{D_1} = 589,0 nm, λ_{D_2} = 589,6 nm). Das Spektrum eines Sterns ist bestenfalls einige Zentimeter lang. Die Anzahl der Linien beträgt unter günstigen Umständen einige hundert. Doch bietet auch ein solches Spektrum so viele Informationen, daß die Auswertung oft Monate dauert.

Neben den Spaltspektrographen, bei denen das Licht *eines* Sterns spektral zerlegt wird, ist für viele Zwecke ein Astrograph mit einem Objektivprisma in Gebrauch. Hier ist vor die gesamte Optik ein großes Prisma mit meist kleinem brechenden Winkel gesetzt. Man erhält so auf der Photoplatte gleich eine große Anzahl von Sternspektren. Die lineare Dispersion, d. h. die Anzahl der Wellenlängen auf 1 mm der Photoplatte ist wesentlich schlechter als bei Spaltspektrographen, etwa 15 ... 50 nm/mm gegen 0,1 ... 5 nm/mm.

In den Spektren sehr heißer Sterne findet man Linien von Elementen, die bisher auf der Sonne nicht nachgewiesen werden konnten, z. B. Ne. Das liegt an der hohen Anregungsenergie dieser Elemente. Auch Wasserstoff hat eine hohe Anregungsenergie: 10,15 eV vom Grundzustand (n = 1) zum 1. darüber liegenden Energieniveau (n = 2). Rechnet man nach der Beziehung $eU = \frac{3}{2}\,kT$ die zugehörige Temperatur aus, so erhält man T = 78 420 K. Diese Temperatur wird nur in wenigen Sternen erreicht. Doch selbst auf der Sonne, deren Photosphärentemperatur nicht einmal 6 000 K beträgt, sind die Linien des Wasserstoffs leicht nachzuweisen. Das hat zwei Gründe. Einmal ist die Maxwellsche Geschwindigkeitsverteilung zu beachten. Außerdem ist Wasserstoff das weitaus häufigste Element auf der Sonne und den Sternen.

Aufgabe:

Die rote Linie im Neonspektrum mit λ = 633 nm wird ausgesandt, wenn das Atom aus dem Energieniveau, das 20,66 eV über dem Grundzustand liegt, in das Energieniveau bei 18,70 eV übergeht. Entsprechend kann diese Linie nur absorbiert werden, wenn Atome in dem Energieniveau 18,70 eV über dem Grundzustand vorhanden sind. Welche Temperatur ist notwendig, um Ne-Atome auf dieses Niveau zu bringen? Von der Maxwellschen Geschwindigkeitsverteilung soll abgesehen werden.

4.2.2 Einige Bemerkungen zur quantitativen Spektralanalyse

Die quantitative Spektralanalyse bringt mehr als nur die Kenntnis über die Häufigkeitsverteilung der Elemente. Es ergeben sich z. B. auch Aussagen über die Temperaturverteilung in der Sternatmosphäre, die Schwerebeschleunigung, den Gas- und Elektronendruck und die Ionisationsverhältnisse. Man geht in zwei Schritten vor. Zunächst führt man unter stark vereinfachten Annahmen eine Grobanalyse durch. So nimmt man beispielsweise für die gesamte Atmosphäre eine einheitliche Temperatur an. Man erhält dann für Atome, deren (quantenmechanische) Eigenschaften genügend bekannt sind, die Anzahl, die in einer Säule von 1 m² Querschnitt über der Sternoberfläche enthalten sind und die sich in einem bestimmten Energieniveau befinden. So kann man aus den Linien der Balmerserie schließen, wieviel H-Atome sich im ersten Energieniveau über dem Grundzustand (n = 2) befinden. Kennt man die Anzahl der Atome eines Elements für alle Energieniveaus und Ionisationszustände, so hat man sofort die Gesamtanzahl der Atome dieses Elements. Berechnungen für verschiedene Elemente führen zu einer ersten und groben Häufigkeitsverteilung.

Im nächsten Schritt wird eine Feinanalyse durchgeführt. Man geht von einem Modell der zu untersuchenden Sternatmosphäre aus. Ein brauchbares Modell findet man, indem man die aus der Grobanalyse naheliegenden Annahmen über T_e, g und die chemische Zusammensetzung macht. Dann berechnet man das zu diesem Modell gehörige Spektrum. Das ist noch relativ einfach unter der Annahme des lokalen thermodynamischen Gleichgewichts – LTE[1]), einer Annahme, die schon weit über die einer einheitlichen Temperatur in der gesamten Atmosphäre hinausgeht. Für sehr heiße Sterne reicht aber auch die Annahme des LTE nicht aus. Wenn man alle Faktoren berücksichtigen will, die auf die Entstehung eines Spektrums Einfluß haben, braucht man zur Durchführung der Rechnungen große und schnelle elektronische Rechner. Ihr Ergebnis vergleicht man mit dem beobachteten Spektrum. Dabei spielen u. a. die Äquivalentbreiten und Linienprofile eine wichtige Rolle. Aus den Abweichungen zwischen Beobachtung und Rechnung kann man auf bessere Ausgangswerte für das Modell schließen. Dem besten Modell kann man sich nur schrittweise nähern. Tabelle 4.1 gibt die Häufigkeitsverteilung einiger Elemente in der So-Atmosphäre und in einigen Sternatmosphären an. Für die Sonne sind T_e und g auch ohne Spektralanalyse mit guter Genauigkeit bekannt. Außerdem ist die Information, die das So-Spektrum bietet, unvergleichlich reichhaltiger als die eines jeden Sternspektrums.

Tabelle 4.1

	Sonne	Wega = α-Lyrae	Deneb = α-Cygni	τ-Scorpii
H	12,0	12,0	12,0	12,0
He	11,0	11,4	11,6	11,0
C	8,5	–	8,2	8,1
N	7,9	8,7	9,4	8,3
O	8,9	9,4	9,2	8,7
Ca	6,4	6,1	6,7	–

Die Zahlen bedeuten Logarithmen. Für die Sonne gilt z. B.: Auf 10^{12} H-Atome kommen rund 10^{11} He-Atome, $3{,}2 \cdot 10^8$ C-Atome, $8 \cdot 10^7$ N-Atome, $8 \cdot 10^8$ O-Atome, $2{,}5 \cdot 10^6$ Ca-Atome usw.

Das Atomzahlverhältnis von H zu He auf der Sonne ist also 10 : 1, das Massenverhältnis 10 : 4. Bei 70 % H gibt es 28 % He. Die übrigen 2 % bestehen aus allen anderen Elementen, die der Astronom kurz „schwere Elemente" nennt.

4.2.3 Die Balmerserie in Absorption

Von den Linien des Wasserstoffs sind im sichtbaren Bereich allein Linien der Balmerserie zu sehen. Ihre Stärke variiert mit der Oberflächentemperatur. Am kräftigsten sind sie bei etwa 11 000 K. Sie entstehen, wenn H-Atome durch Absorption von Strahlung aus dem Energiezustand mit der Hauptquantenzahl n = 2 in einen höheren Energiezustand übergehen. Damit die Linien überhaupt beobachtbar, u. U. sogar recht kräftig sind, müssen

[1]) LTE = Local Thermodynamical Equilibrium herrscht dann, wenn die absorbierte Energie überall entsprechend der lokalen, also nicht einer in der ganzen Atmosphäre einheitlichen Temperatur nach dem Planckschen Strahlungsgesetz emittiert wird (Schichten verschiedener Temperatur).

genügend viele Atome in dem angeregten Zustand (n = 2) sein. Für den Übergang vom Grundzustand in diesen angeregten Zustand ist die Zufuhr von Energie im Betrage von 10,15 eV nötig. Rechnet man nach der Beziehung $\frac{3}{2}$ kT = eU die zugehörige Temperatur aus, so erhält man T ≈ 78 500 K. Das ist weit mehr als 11 000 K und erst recht mehr als die Oberflächentemperatur der Sonne von 5 800 K.

Nun braucht sich natürlich nur ein Bruchteil der H-Atome in dem Energiezustand mit n = 2 zu befinden. Nach einer von Boltzmann angegebenen Beziehung läßt sich dieser Bruchteil berechnen. Diese Beziehung wird hier benutzt, kann aber nicht hergeleitet werden. Ihre physikalische Aussage ist auch ohne Herleitung verständlich. Die mit ihr gewonnenen Erkenntnisse sind sehr interessant.

Sie lautet

$$\frac{N_2}{N_1} = \frac{g_2}{g_1} e^{-\frac{E_{12}}{kT}}. \tag{4.7}$$

N_2 ist die Anzahl der H-Atome im 2. Quantenzustand, N_1 die Anzahl im Grundzustand. E_{12} ist die Energiedifferenz zwischen diesen beiden Zuständen, für den betrachteten Fall also 10,15 eV. g_1 und g_2 sind statistische Gewichte. (Allgemein geben die g_n an, in wieviel Terme ein Atomzustand aufgespalten wird, wenn alle Entartungen fortfallen.) Für Wasserstoff gilt $g_n = 2 \cdot n^2$.

Im Fall der Balmerserie im So-Spektrum erhält man also

$$\frac{N_2}{N_1} = \frac{2 \cdot 2^2}{2 \cdot 1^2} \cdot e^{-\frac{10{,}15 \cdot 1{,}602 \cdot 10^{-19}}{1{,}3806 \cdot 10^{-23} \cdot 5800}} \approx 4 \cdot e^{-20{,}3} \approx 6{,}1 \cdot 10^{-9}$$

Unter den Verhältnissen auf der Sonne genügt es also schon, wenn auf einige 10^8 H-Atome im Grundzustand ein Atom im ersten angeregten Zustand kommt, damit die Linien der Balmerserie in Absorption deutlich sichtbar werden.

Für Sterne mit einer Oberflächentemperatur von 11 000 K ergibt sich $\frac{N_2}{N_1} \approx 9 \cdot 10^{-5} \approx 10^{-4}$, d.h. etwa jedes 10 000. H-Atom ist in dem Zustand, von dem aus Balmerlinien in Absorption entstehen können. Es ist also kein Wunder, daß die Balmerlinien in den Spektren dieser dieser Sterne sehr viel kräftiger als im So-Spektrum sind. (Der Einfachheit halber ist von anderen angeregten Zuständen und einer möglichen Ionisation abgesehen worden. Für die hier im Vordergrund stehenden Überlegungen genügt die durchgeführte Betrachtung.)

Für noch höhere Temperaturen nimmt die Besetzungszahl für den Energiezustand mit n = 2 im Vergleich mit der Anzahl der H-Atome in anderen Quantenzuständen und den ionisierten H-Atomen mehr und mehr ab. Die Balmerserie wird schwächer. Bei tieferen Temperaturen sind nur sehr wenige H-Atome im angeregten Zustand. *Die Balmerserie ist also sowohl für kühle als auch sehr heiße Sterne schwach.* Daß sie in diesen Fällen überhaupt zu beobachten ist, liegt an der großen Häufigkeit des Wasserstoffs.

Auch die Linien anderer Atome und bei kühleren Sternen die Linien bzw. Banden von Molekülen zeigen eine Abhängigkeit von der Temperatur. Man kann daraus Kriterien für die Temperatur herleiten.

4.2.4 Aufnahmen der Sonne im Licht einzelner Linien; Aufnahmen im Licht aus der Mitte oder den Flügeln einzelner Linien

1892 wurde durch *Hale* (1868–1938, Amerika) und *Deslandres* (1853–1948, Frankreich) zum ersten Mal der Spektroheliograph zur Beobachtung der Sonne eingesetzt. Mit diesem Gerät gewinnt man monochromatische Bilder der Sonne. Die Wirkungsweise geht aus Bild 4.6 hervor. Statt eines Systems aus Prismen werden auch Reflexionsgitter benutzt.

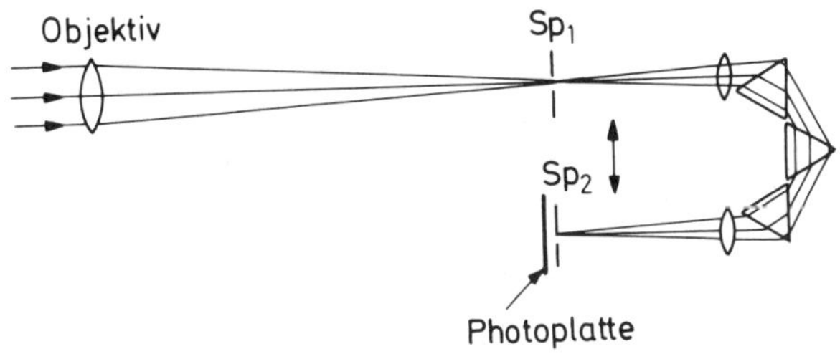

Bild 4.6

Der Spalt Sp_2 wird auf eine bestimmte Linie des Spektrums eingestellt. Häufig benutzte Linien sind die Wasserstofflinie H_α und die Linien H und K (nach Fraunhofer) des einfach ionisierten Calciums, Ca^+ oder CaII. Man kann entweder den ganzen Monochromator in Richtung des Doppelpfeils so bewegen, daß das von dem Objektiv erzeugte So-Bild überstrichen wird. Dabei wird die Photoplatte nicht bewegt. Man kann aber auch das So-Bild über den Spalt Sp_1 führen. Dann muß die Photoplatte synchron mitbewegt werden. Der Spalt Sp_2 darf nur einen Wellenlängenbereich von 0,03 ... 0,05 nm hindurchlassen, wenn man auch Aufnahmen im Licht aus Teilbereichen einer Linie machen will. Der schmale Spalt und die geringere Intensität in der Absorptionslinie bewirken, daß die Flächenhelligkeit des monochromatischen So-Bildes wesentlich geringer als die Flächenhelligkeit des So-Bildes im integralen Licht ist (etwa 10^{-5} : 1).

Die meisten monochromatischen So-Bilder werden mit Licht aus der Linienmitte oder den Flügeln einer Linie gemacht (Bild 4.7).

Bild 4.7 zeigt drei Stellungen des Spaltes Sp_2 zur Gewinnung monochromatischer So-Bilder.

Bild 4.8 zeigt 5 Aufnahmen desselben Teils der So-Oberfläche bei 5 verschiedenen Stellungen des 2. Spalts. Das oberste Bild ist mit dem Licht aus der Mitte der H-Linie des CaII aufgenommen, das unterste mit Licht aus dem äußeren Linienflügel (nahe dem angrenzenden Kontinuum).

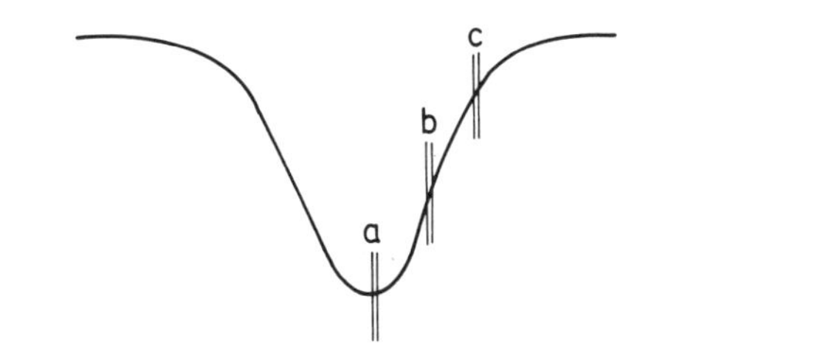

Bild 4.7

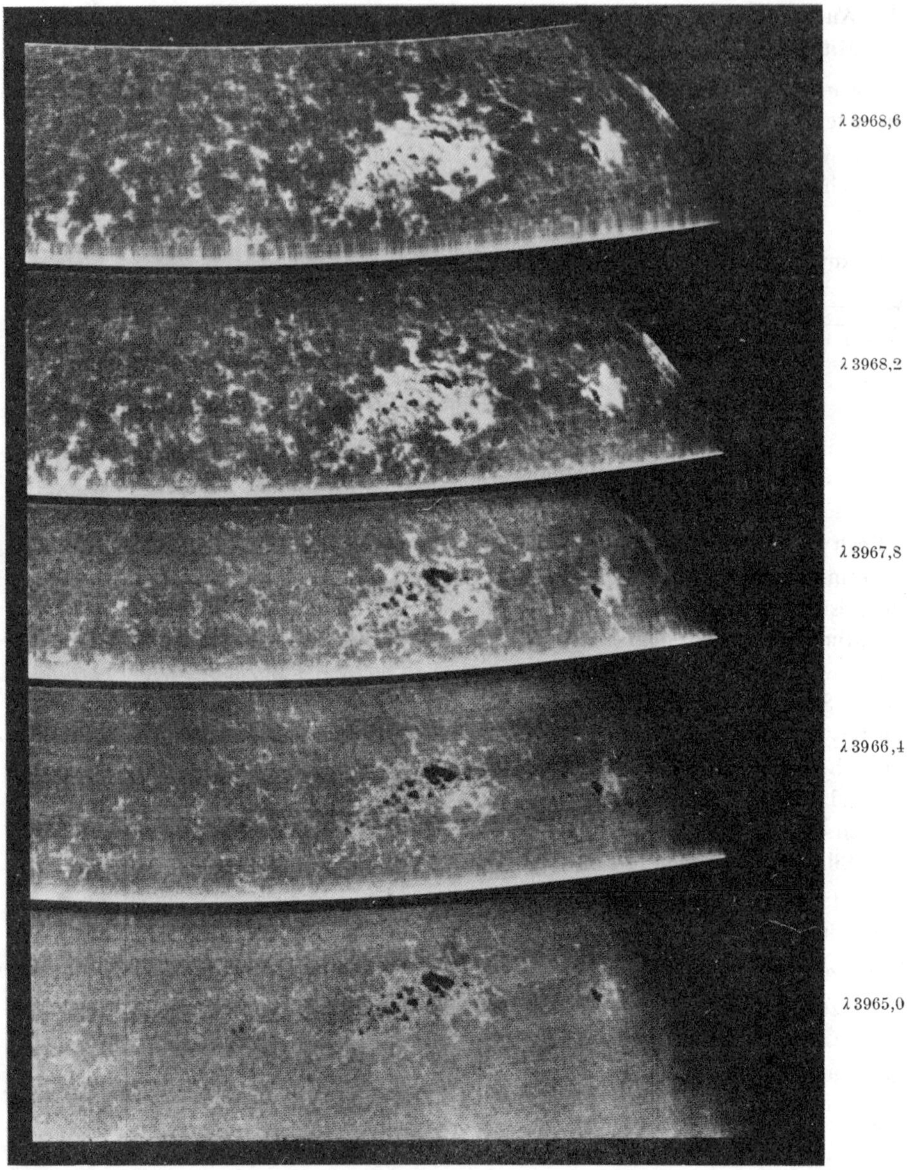

Bild 4.8

Im untersten Bild sieht man durch die äußeren Schichten der So-Atmosphäre hindurch und erkennt deutlich eine Fleckengruppe in der Photosphäre[1]. Im obersten Bild ist diese Fleckengruppe durch eine hoch über ihr schwebende, leuchtende Ca-Wolke verdeckt.

Wie ist dieser Effekt zu erklären? Absorptionslinien entstehen durch wahre Absorption und Streuung. Es soll angenommen werden, daß allein die Streuung wirksam ist (siehe Seite 85). Damit kommt man der Wirklichkeit sehr nahe und vereinfacht das Problem. Das Licht aus dem einer Linie benachbarten Kontinuum wird durch Atome in der Atmosphäre nicht gestreut, das Licht aus den äußeren Linienflügeln nur wenig. Man blickt also bei der Beobachtung in diesen Wellenlängenbereichen ungehindert oder fast ungehindert durch die Atmosphäre hindurch und sieht Erscheinungen in der Photosphäre, z. B. Flecken. Rückt man mit dem Spalte Sp_2 des Monochromators über die Flügel der Linie bis zur Linienmitte, so empfängt man Licht aus immer höheren Schichten der Sonnenatmosphäre und damit Bilder von lichtstreuenden Wolken eines bestimmten Elements, die tiefer liegende liegende Erscheinungen, z. B. Flecken, mehr oder weniger stark verdecken. Solche monochromatischen Sonnenbilder kann man auch mit Filtern genügend kleiner Durchlaßbreite gewinnen.

4.2.5 Interstellarer Raum: das Leuchten der Emissionsnebel – verbotene Linien – die 21 cm-Linie – Moleküle im interstellaren Raum

Man beobachtet im interstellaren Raum helle und dunkle Wolken. In den Dunkelwolken wird das Licht der hinter oder auch in diesen Wolken stehenden Sterne mehr oder weniger stark absorbiert. Die Absorption erfolgt – von Linienabsorption abgesehen – durch Staub. Eine solche Absorption erfolgt auch dort, wo Dunkelwolken nicht direkt, z. B. auf Photographien, nachzuweisen sind. Das Leuchten der hellen Wolken kommt entweder durch Reflexion oder Emission zustande. In einigen Bereichen tritt sowohl Reflexion als auch Emission auf. In den sogenannten Reflexionsnebeln wird das Licht nicht zu heißer Sterne an kosmischen Staubteilchen gestreut, z. B. in der Umgebung einiger Sterne der Plejaden (Bild 4.9). Das Spektrum der Reflexionsnebel ist mit dem Spektrum der Sterne identisch, die das Leuchten erzeugen.

In den Emissionsnebeln wird interstellares Gas durch das Licht eingebetteter, sehr heißer Sterne – $T \approx 30\,000$ K und mehr, UV – zu eigenem Leuchten angeregt. Das bekannteste Beispiel ist der Orionnebel (Bild 4.10). Nur die letzte Erscheinung soll hier besprochen werden.

Die Emissionsnebel besitzen ein eigenes Spektrum, das von dem der anregenden Sterne verschieden ist. In ihm findet man Emissionslinien von H, He, O, N und auch die einiger anderer Elemente (Si, Ne, C, S, Fe, Ni, Cl). Vielfach sind die Atome einfach oder mehrfach ionisiert. Die meisten Linien – im Orionnebel etwas mehr als 1/3 der rund 170 beobachteten – stammen von H und He. Diese beiden häufigsten Elemente werden durch die starke UV-Strahlung der heißen Sterne ionisiert.

[1] Unter der Photosphäre versteht man die Schicht, aus der rund 90 % der So-Strahlung vom nahen UV bis zum fernen IR stammen. Sie ist nur etwa 300 km dick.

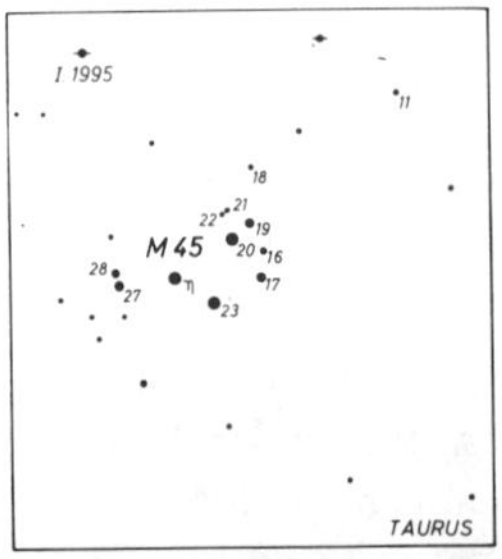

M 45 *Pleiades*
$3^h 43^m.9$, $+23°58$
Cl, $1^m.4$, 250 *
⌀ = 120′, type: c

IC 1995
$3^h 47^m.3$, $+25°26$
N, 2′×2′, Sp: c

Bild 4.9

Bild 4.10

Aufgabe:

1. Welche Bedingung muß die Wellenlänge der ionisierenden Strahlung erfüllen, wenn a) Wasserstoff, b) Helium einfach, c) Helium zweifach ionisiert werden soll? Die Ionisationsenergien sind im Falle a) 13,595 eV, im Fall b) 24,581 eV und im Fall c) 54,403 eV.

Bei der Rekombination gehen die Elektronen nicht sofort in den Grundzustand über. Der Übergang erfolgt vielmehr in vielen Sprüngen von höheren zu tieferen Quantenzuständen. Auf diese Weise entstehen die vielen von H, HeI und HeII beobachteten Linien. Besonders intensiv ist die H_α-Linie. Deshalb erscheinen die Emissionsnebel in Farbaufnahmen meist rötlich.

Energiezustände mit sehr hohen Quantenzahlen. Für den Orionnebel hat man Dichten von 10^4 Elektronen je cm^3 gemessen. Das entspricht auch im wesentlichen der Anzahl der Atome je cm^3. Es handelt sich hier schon um eine merkliche Verdichtung des interstellaren Gases, in dem sonst nur 1 ... 10 Atome pro cm^3 zu finden sind. Im Vergleich mit Verhältnissen, die in irdischen Laboratorien zu erreichen sind, handelt es sich beim Orionnebel und anderen Emissionsnebeln um außerordentlich hochverdünnte Gase. In ihnen sind Quantenzustände der H- und He-Atome mit enorm hohen Quantenzahlen möglich. So konnten *Höglund* und *Mezger* nachweisen, daß in einigen Gaswolken der Übergang vom 110. zum 109. Niveau des H-Atoms mit solcher Häufigkeit vorkommt, daß eine Beobachtung der entsprechenden Linie möglich ist.

Aufgaben:

2. Welche Wellenlänge besitzt die Strahlung, die beim Übergang des H-Atoms vom 110. zum 109. Niveau ausgesandt wird?
3. Wie groß ist der Radius eines H-Atoms im 110. Quantenzustand?

Mittlerweile sind weitere Übergänge im Bereich von n = 100 bis 200 beobachtet worden.

Verbotene Linien. Die geringe Dichte hat noch eine weitere Erscheinung zur Folge. Die mittlere Lebensdauer eines angeregten Atoms ist meist von der Größenordnung 10^{-8} s. Es gibt aber Zustände, in denen viele Atome, wenn sie nicht gestört werden, sehr viel länger verweilen, bevor sie ihre Energie in Form von Strahlung abgeben. Man spricht von *metastabilen Zuständen.* Das doppelt ionisierte O-Atom -OIII- hat z. B. (neben anderen) zwei Niveaus mit der mittleren Lebensdauer von 140 s bzw. 48 s. Beim Übergang in den Grundzustand werden Linien mit $\lambda = 495{,}9$ nm und $\lambda = 500{,}7$ nm ausgesandt. Diese Linien wurden lange einem noch unbekannten Element „Nebulium“ zugeschrieben. Ihre Identifizierung gelang *J. S. Bowen* im Jahre 1927. Damit im Laboratorium das Emissionsspektrum eines leuchtenden Gases beobachtet werden kann, ist eine genügend große Anzahl von Atomen in relativ kleinem Raum, also eine nicht zu geringe Dichte notwendig. Dann aber ist die Zeit zwischen der Anregung eines Atoms und dem Zusammenstoß mit einem anderen Atom oder auch der Gefäßwand wesentlich kürzer als die mittlere Lebensdauer in einem metastabilen Zustand. Die Atome, die sich bei einem Versuch im Laboratorium in einem metastabilen Zustand befinden, geben ihre Energie strahlungslos an ihre Stoßpartner ab (Stöße 2. Art).

Im Orionnebel sind fast 30 % der Emissionslinien verbotene Linien. Besonders intensiv sind die oben genannten Linien von OIII. Sie liegen im Blauen bzw. an der Grenze zwischen Blau und Grün. Das erklärt das Auftreten dieser Farben in Farbaufnahmen einiger Nebel (Bild 4.11). Auch von N, S, Cl, Ne, Fe, Ni sind verbotene Linien beobachtet worden.

Die mittlere Zeit zwischen zwei Zusammenstößen, die ein Atom in einem Gas erleidet, läßt sich mit Hilfe der Beziehung

$$\bar{\tau} = \frac{1}{\sqrt{2} \cdot \pi \cdot n \cdot \bar{v} \cdot d^2} \qquad \text{berechnen.} \tag{4.8}$$

n ist die Teilchenzahldichte, $\bar{v}$ die mittlere Geschwindigkeit und d der Durchmesser eines Atoms.

Aufgabe:

4. Schätzen Sie die Zeit ab, die zwischen zwei aufeinander folgenden Zusammenstößen eines Atoms liegt,
   a) unter irdischen Bedingungen: $n \approx 10^{24}\ \mathrm{m}^{-3}$, $T \approx 300$ K,
   b) unter den Bedingungen im Orionnebel: $n \approx 10^{10}\ \mathrm{m}^{-3}$, $T \approx 10^4$ K!

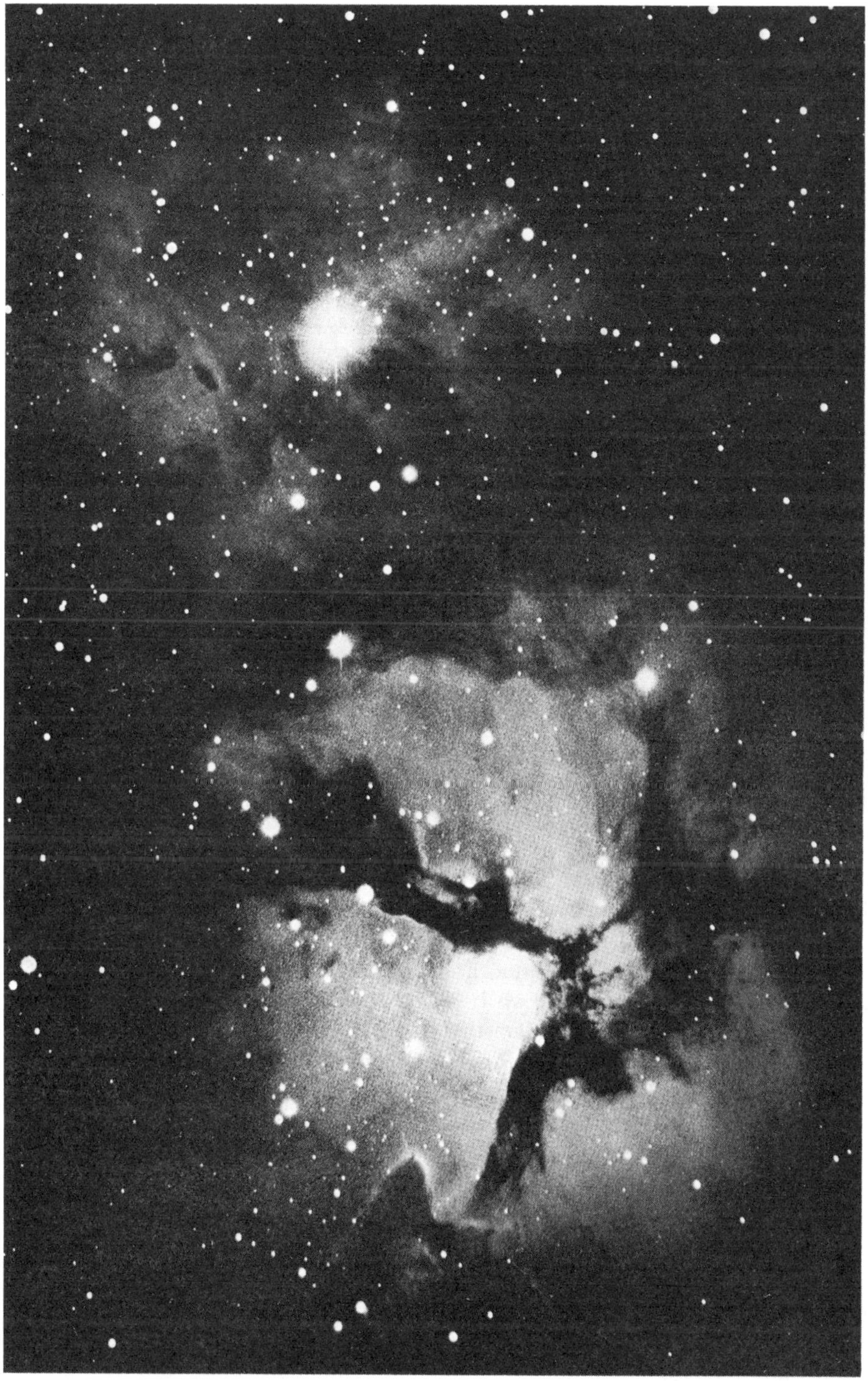

Bild 4.11 Trifid-Nebel im Schützen

Frei-frei-Übergänge. Neben Rekombinationen, d. h. der Wiedervereinigung von Elektronen und Ionen, gibt es auch häufig Vorübergänge von Elektronen an Ionen, hauptsächlich Protonen. Man spricht von frei-frei-Übergängen. Da hier keine Quantenbedingungen vorliegen, entsteht eine kontinuierliche Strahlung. Sie ist im optischen Bereich für eine Beobachtung zu schwach. Im cm- und dm-Bereich jedoch ist sie festgestellt worden. Diese Radiostrahlung ist sehr wohl von der Synchrotronstrahlung zu unterscheiden, die ausgesandt wird, wenn sich schnelle Elektronen in magnetischen Feldern bewegen. Die Synchrotronstrahlung ist polarisiert und weist ein charakteristisches Energiespektrum auf. Sie entsteht z. B. in dem bekannten Krebsnebel, der die 1054 im Stier beobachtete Supernova umgibt.

Die 21-cm-Linie des neutralen Wasserstoffs. Wie oben geschildert, wird in der Umgebung heißer Sterne der Wasserstoff ionisiert. Diese HII-Bereiche sind durch die bei der Rekombination entstehende Strahlung leicht nachweisbar. Die Beobachtung des neutralen Wasserstoffs schien zunächst nicht möglich.

Das H-Atom besitzt im Grundzustand zwei dicht beieinander liegende Energieniveaus – Hyperfeinstruktur. Ihr Abstand beträgt $5{,}9 \cdot 10^{-6}$ eV. In dem höheren Energiezustand sind Kern- und Elektronenspin parallel, in dem tieferen antiparallel. Dem Übergang entspricht eine Linie mit $\nu = 1420{,}4$ MHz oder $\lambda = 21{,}105$ cm. Die mittlere Lebensdauer des Atoms im höheren Niveau beträgt rund $11 \cdot 10^6$ a! Die 21-cm-Linie ist also eine im höchsten Maße verbotene Linie. Sie kann nur wegen der extrem geringen Dichte des interstellaren Mediums entstehen – 1 ... 10 Atome pro cm^3. Allerdings sind wegen der großen mittleren Lebensdauer und der geringen Dichte sehr tiefe Schichten erforderlich, wenn die Strahlung eine meßbare Intensität besitzen soll. Der Holländer *H. C. van de Hulst* hat 1944 berechnet, daß der Nachweis der interstellaren 21-cm-Linie möglich sein müßte. 1951 wurde die Linie von Radioastronomen in Australien, Holland und den USA entdeckt. Ihre Beobachtung ermöglicht einen Blick in Bereiche, die der optischen Astronomie vollkommen unzugänglich sind. Näheres über die 21-cm-Linie und ihre Bedeutung für die Erforschung der Struktur unseres Sternsystems bringt Abschnitt 4.2.6.

Moleküle im interstellaren Raum. Durch Beobachtungen im optischen Bereich sind die Moleküle CH, CH^+ und CN im interstellaren Raum entdeckt worden (siehe 4.2.6, Seite 105). Die enormen Fortschritte beim Empfang von mm-, cm- und dm-Wellen haben den Nachweis zahlreicher weiterer Moleküle ermöglicht. Unter ihnen sind so interessante wie H_2O, H_2S, NH_3, OH und so komplizierte wie HCOOH (Ameisensäure), CH_3CHO (Azetaldehyd), CH_3NH_2 (Methylamin), $(CH_3)_2O$ (Dimethyl-Äther), H_2C_2NCN (Vinylcyanid) u. a. (Bei den Molekülinien handelt es sich um Rotationsübergänge.) Die Genauigkeit der Messung ist so groß, daß man z. B. die Moleküle $^{12}C^{34}S$ und $^{13}C^{32}S$ oder $H^{12}C^{14}N$, $H^{13}C^{14}N$, $H^{12}C^{15}N$ und $D^{12}C^{14}N$ (Blausäure mit verschiedenen Isotopen von H, C und N) unterscheiden kann.

Die Moleküle werden sehr wahrscheinlich in dichten und kühlen Wolken gebildet. Dort sind sie vor der Zerstörung durch die stellare UV-Strahlung geschützt. Es wird angenommen, daß die Bildung von Molekülen mit mehr als zwei Atomen auf der Oberfläche von Staubteilchen erfolgt. Weniger wahrscheinlich ist die Entstehung der Moleküle in Sternatmosphären, aus denen sie dann in den interstellaren Raum gelangen müßten. Zweiatomige Moleküle können sicher auch durch Zweierstöße im freien Raum gebildet werden.

4.2.6 Der Doppler-Effekt

Wenn in der Astronomie vom Doppler-Effekt die Rede ist, denkt man meistens zuerst und oft allein an den Effekt, der durch die Bewegung eines Gestirns oder Sternsystems in Richtung des Sehstrahls hervorgerufen wird. Es ist aber von einer Reihe weiterer Erscheinungen zu sprechen.

Die Radialgeschwindigkeit v_r von Sternen läßt sich aus einer einzigen Beobachtung bestimmen. Meist wird sie mit Hilfe von Spaltspektrographen nur für einen Stern ermittelt. Wenn man eine geringere Genauigkeit in Kauf nimmt, kann man auch Objektivprismen-Aufnahmen benutzen. Wegen der notwendigen spektralen Zerlegung müssen die Sterne hell genug sein. Von allen Sternen bis zur scheinbaren Helligkeit 6^m sind die Radialgeschwindigkeiten bekannt. Das sind rund 6 700. Die Gesamtanzahl aller Sterne, von denen bisher Radialgeschwindigkeiten gemessen worden sind, beträgt etwa 20 000. Wenn man bedenkt, daß man mit einem kleinen Fernrohr von nur 50 mm Objektivdurchmesser am ganzen Himmel unter günstigen Bedingungen eine zehnmal so große Anzahl beobachten kann, erkennt man den hier vorliegenden Mangel an Informationen.

Tabelle 4.2 gibt für einige Geschwindigkeiten $v_r \ll c$ den Zusammenhang zwischen v_r und $\Delta\lambda$ für $\lambda = 600$ nm $\left(v_r = c \cdot \frac{\Delta\lambda}{\lambda}\right)$.

Tabelle 4.2

v_r km s^{-1}	0,1	0,5	1	5	10	50	100
$\Delta\lambda$ nm	$2 \cdot 10^{-4}$	10^{-3}	$2 \cdot 10^{-3}$	10^{-2}	$2 \cdot 10^{-2}$	10^{-1}	$2 \cdot 10^{-1}$

Die größten bei einzelnen Sternen beobachteten Radialgeschwindigkeiten sind + 543 km s^{-1} und − 389 km s^{-1}. Ihnen entsprechen $\Delta\lambda = 0{,}91$ nm und 0,65 nm. Im Mittel werden Geschwindigkeiten von ± 20 km s^{-1} beobachtet.

Die Genauigkeit bei der Messung der Radialgeschwindigkeit eines Sterns beträgt unter günstigen Umständen ± 0,5 km s^{-1}. Hierzu ist allerdings eine lineare Dispersion von 1 nm mm^{-1} nötig. Außerdem müssen zur Verkleinerung zufälliger Fehler mehrere Aufnahmen gemacht werden. Meist erreicht man nur eine Genauigkeit von einigen km s^{-1}. Alle Angaben werden auf die Sonne bezogen.

Welche Erkenntnisse kann man durch die Messung von v_r gewinnen?

*1. **Raumgeschwindigkeit der Sterne.*** Kann man für einen Stern neben v_r auch die Geschwindigkeit senkrecht zur Gesichtslinie in km s^{-1} messen – v_t –, dann kennt man auch seine Raumgeschwindigkeit $v = \sqrt{v_r^2 + v_t^2}$. Um v_t zu erhalten muß man die *Eigenbewegung* und die Entfernung des Sterns bestimmen. Unter der Eigenbewegung eines Sterns versteht man die Änderung seiner sphärischen Koordinaten. Sie wird in Bogensekunden pro Jahr angegeben und mit μ''/a bezeichnet. Daten über Eigenbewegungen liegen für etwa 300 000 Sterne vor. Die meisten sind nur von statistischer Bedeutung. Zur Bestimmung der Eigenbewegung sind photographische Aufnahmen in größeren zeitlichen Abständen nötig. Projiziert man die Strecke, die ein Stern in 1 a zurücklegt, auf eine Ebene senkrecht zur Gesichtslinie und nennt diese Komponente, in Längeneinheiten gemessen, d, so gilt, wenn r die Entfernung des Sterns ist,

$$\frac{d}{2\pi r} = \frac{\mu''}{360 \cdot 60 \cdot 60}; \quad d = \frac{2\pi r \mu''}{1{,}296 \cdot 10^6}. \tag{4.9}$$

Ist r die Entfernung des Sterns in Parsec und π'' seine Parallaxe, so gilt $r = \frac{1}{\pi''}$. d möchte man in km haben. Nun ist 1 pc = $3{,}086 \cdot 10^{13}$ km. Daher gilt

$$d_{(km)} = 3{,}086 \cdot 10^{13} \frac{2\pi}{1{,}296 \cdot 10^6} \cdot \frac{\mu''}{\pi''}.$$

Dividiert man noch, da μ'' in Bogensekunden pro Jahr angegeben ist, durch die Anzahl der Sekunden eines Jahres ($3{,}156 \cdot 10^7$ s), so ergibt sich schließlich v_t in km s^{-1}:

$$v_t = 4{,}74 \cdot \frac{\mu''}{\pi''} \text{ km s}^{-1}. \tag{4.10}$$

2. Radialgeschwindikeit und Rotation der Milchstraße. Die Milchstraße, das Sternsystem, dem unsere Sonne angehört, rotiert um eine Achse senkrecht zur Milchstraßenebene. Von einem zentralen Bereich abgesehen, erfolgt die Bewegung in erster Näherung nach den Kepler-Gesetzen. Sterne, die dem Zentrum näher stehen als die Sonne, besitzen eine größere, solche, die weiter entfernt sind, eine kleinere Bahngeschwindigkeit als die Sonne. Diese Tatsache spiegelt sich in den Radialgeschwindigkeiten der Sterne in der So-Umgebung wieder. Nun bewegen die Sterne sich nicht nur um das Zentrum des Milchstraßensystems, sondern jeder Stern hat daneben auch seine individuelle Geschwindigkeit (Pekuliarbewegung). Um diesen zufälligen Bestandteil, der sich natürlich auch in den Radialgeschwindigkeiten bemerkbar macht, zu eliminieren, muß man ganze Sterngruppen zusammenfassen und Mittelwerte bilden.

Um die Lage der ausgewählten Sterngruppen anzugeben, benutzt man zweckmäßig das *galaktische Koordinatensystem.* Als Grundebene wird die Mittelebene der Milchstraße, als Grundrichtung diejenige von der Sonne zum Zentrum benutzt. Beide Angaben beruhen für das neue galaktische Koordinatensystem auf radioastronomischen Untersuchungen (1958). In Bild 4.12 sind die von der Pekuliarbewegung befreiten Bahngeschwindigkeiten für 8 Sterngruppen angegeben – gestrichelte Pfeile. Diese Sterngruppen sollen alle die gleiche mittlere Entfernung von der Sonne haben und in der Milchstraßenebene liegen. Auch die Bahngeschwindigkeit der Sonne ist angegeben (etwa 250 km s^{-1}). Als Bahnen sind Kreise angenommen. Die ausgezogenen Pfeile geben die Relativgeschwindigkeit zur Sonne an, die doppelten schließlich die mittlere Radialgeschwindigkeit der jeweiligen Sterngruppe in bezug auf die Sonne. Trägt man diese Radialgeschwindigkeiten gegen die galaktische Länge *l* auf, so erhält man Bild 4.13, in der eine Doppelwelle zu erkennen ist. Eine solche Doppelwelle ist auch tatsächlich beobachtet worden. Sie ist ein Beweis dafür, daß die *von Oort* (Holland) und *Lindblad* (Schweden) 1926/27 entwickelte dynamische Theorie der Milchstraße in erster Näherung richtig ist.

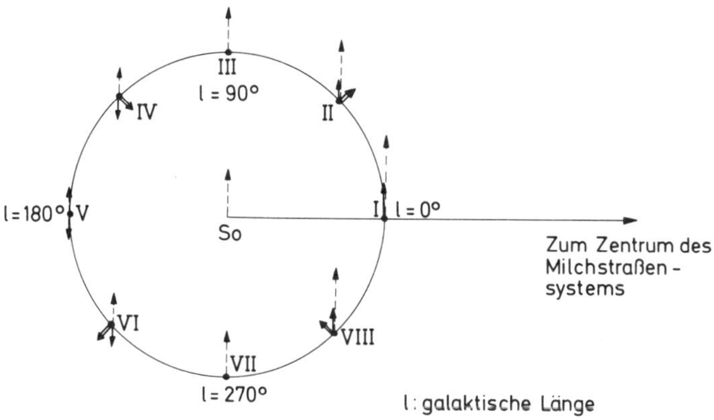

Bild 4.12

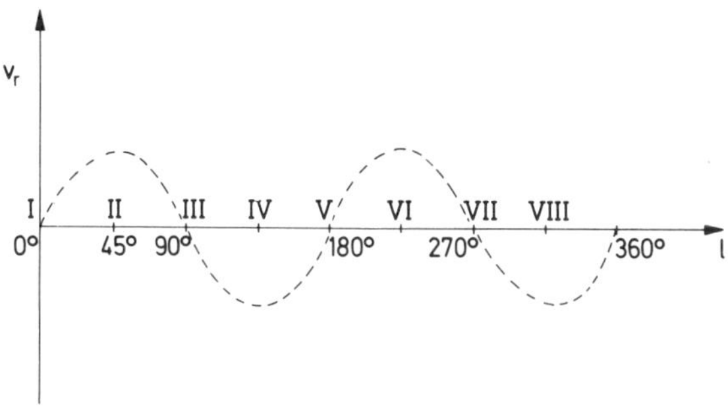

Bild 4.13

Aufgabe:

1. Wovon hängt die Amplitude der Doppelwelle ab?

3. Spektroskopische Doppelsterne. In vielen Doppelsternen haben die beiden Komponenten einen so geringen Abstand voneinander, daß sie weder visuell noch auf photographischen Aufnahmen zu trennen sind. In ihren Spektren aber erfahren die Linien infolge der Umlaufbewegung und der damit verbundenen periodischen Änderung der Radialgeschwindigkeit eine periodische Hin- und Herbewegung. Man unterscheidet Ein- und Zweispektrensysteme. Bei einem Einspektrensystem lassen sich nur die Linien einer Komponente erkennen. Voraussetzung für eine periodische Verschiebung der Linien ist, daß die Bahnebene nicht senkrecht zur Gesichtslinie liegt oder der Winkel zwischen Bahnebene und Gesichtslinie nicht einen Wert zu nahe bei 90° hat. In diesen Fällen ist $v_r = 0$ oder $v_{r,max}$ für eine Messung zu klein. Die Perioden der spektroskopischen Doppelsterne sind meist kleiner als 5 a. Die kürzeste heute bekannte ist 1 h 22 min. Fast 30 % aller untersuchten Sterne sind spektroskopische Doppelsterne.

Die Radialgeschwindigkeitskurven gestatten eine Bahnbestimmung. Das kann im einzelnen hier nicht ausgeführt, soll aber an drei Beispielen verständlich gemacht werden (Bild 4.14).

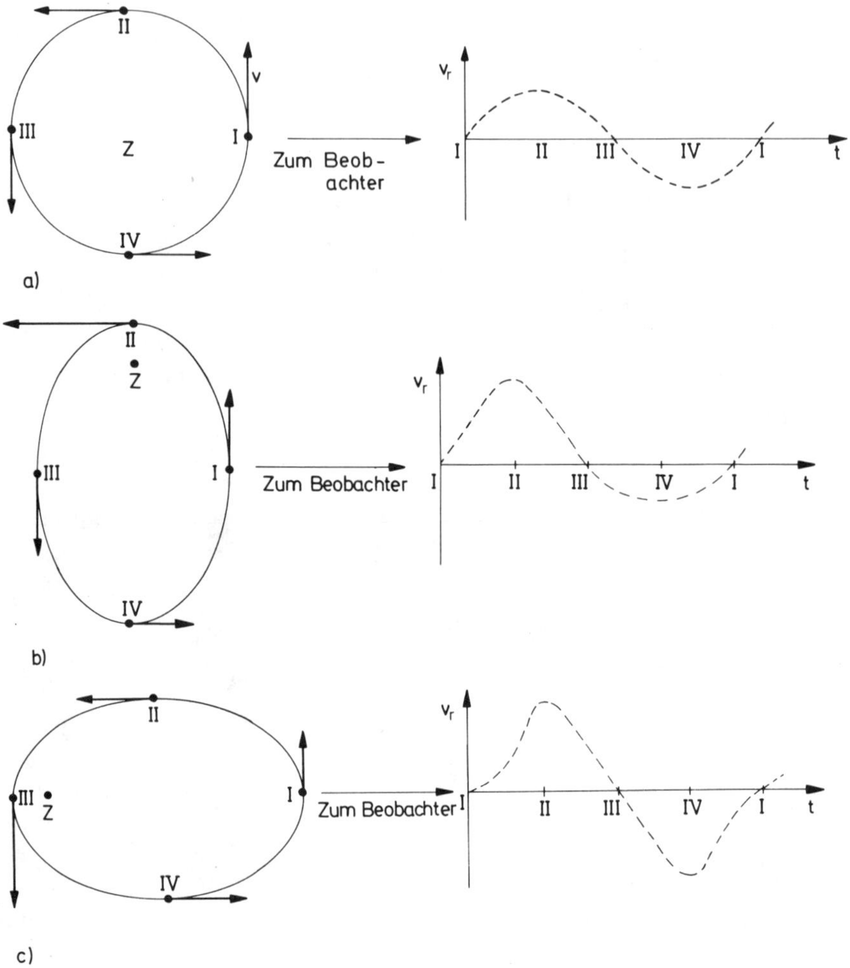

Bild 4.14

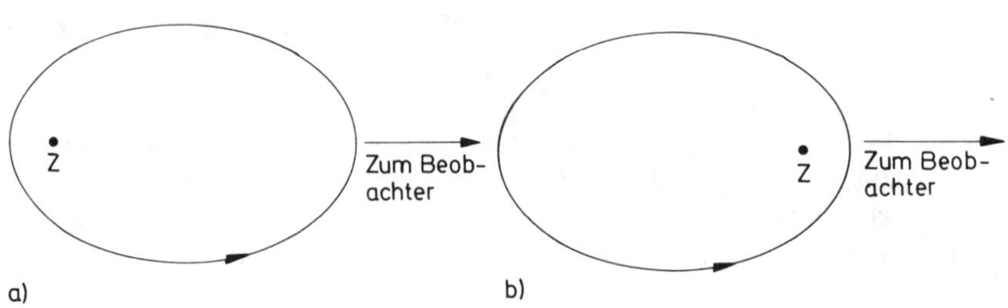

Bild 4.15

Aufgabe:

2. Skizzieren Sie die Radialgeschwindigkeitskurven für Ellipsen mit kleiner, mittlerer und großer Exzentrizität, wenn die Bahnen die in Bild 4.15 angegebenen Lagen zum Beobachter haben!

*4. **Absorptionslinien des interstellaren Gases.*** *J. Hartmann* fand 1904, daß die Linie K (nach Fraunhofer) des einfach ionisierten Calciums die periodische Linienverschiebung im Spektrum des spektroskopischen Doppelsterns δ-Orionis nicht mitmacht. Er sprach von der „ruhenden" Calciumlinie. Seine Deutung des Phänomens, die sich im Laufe der Forschung als richtig erwies, war folgende: Zwischen den Sternen befindet sich ein hochverdünntes Gas – 1 ... 10 Atome je cm^3 –, in dem die Absorption stattfindet. Im weiteren Verlauf der Untersuchungen hat man im visuellen Bereich die Linien folgender Atome, Moleküle und Ionen gefunden:

N, K, Ca, Fe, CH, CN, Ca^+, Ti^+, CH^+.

Die H- und K-Linien von Ca^+ und die D-Linien von Na sind am stärksten. Mit Hilfe des Satelliten Copernicus wurden 1972/73 auch zahlreiche Linien im UV entdeckt, die z. T. von mehrfach ionisierten Atomen stammen:

H, C, C^+, N, N^+, O, Mg, Mg^+, Si^+, Si^{++}, Si^{+++}, P^+, S, S^+, S^{++},
S^{+++}, Cl^+, Ar, Mn^+, Fe^+.

Die Absorption geschieht bei den interstellaren Linien immer vom Grundzustand aus. Die Ionisation erfolgt durch Photoeffekt.

Bei fester Beobachtungsrichtung sind die Linien um so intensiver, je weiter der Stern entfernt ist, in dessen Spektrum die Linien zu finden sind. Es ist eine Methode entwickelt worden, aus der Stärke der „ruhenden" Calciumlinie auf die Entfernung sehr weit entfernter Sterne zu schließen.

Die interstellaren Linien liegen meist nicht dort, wo sie bei Messungen im Laboratorium zu finden sind. Gelegentlich beobachtet man auch mehrere dicht beieinander liegende Komponenten – bis zu 5! Die Erklärung ist leicht. Das interstellare Gas hat eine wolkige Struktur. Die Wolken bewegen sich gegeneinander. Wenn das Licht des beobachteten Sterns mehrere Wolken durchsetzt, entstehen durch den Doppler-Effekt mehrere Linien. Die durchschnittliche Größe solcher Wolken wird auf 700 pc geschätzt. Die gemessenen Geschwindigkeiten – von der Pekuliarbewegung der Sonne befreit – reichen fast bis 100 km s^{-1}. Außer der individuellen Geschwindigkeit der einzelnen Wolken macht sich auch die differentielle Geschwindigkeit des Gases infolge der Rotation der Milchstraße bemerkbar (Kepler-Bewegung).

*5. **Radialgeschwindigkeit von Sternsystemen.*** Dem Laien sind wohl diese Radialgeschwindigkeiten am ehesten unter der Bezeichnung *„Rotverschiebung"* oder *„Fluchtbewegung"* und mit der Deutung einer *Expansion des Weltalls* bekannt. Bei Mitgliedern der lokalen Gruppe – das sind Sternsysteme, die unserer Milchstraße benachbart sind – beobachtet man auch Violettverschiebungen. Diese Sternsysteme nähern sich also dem Beobachter – genauer gesagt der Sonne –: der Andromedanebel z. B. mit 270 km s^{-1}, ein anderes Sternsystem mit der Katalognummer NGC 185 (New General Catalogue) sogar mit 340 km s^{-1}. In dieser Radialgeschwindigkeit ist die Bewegung der Sonne um das galaktische Zentrum mit enthalten. Beobachtet man weiter entfernte Systeme, $r > 2$ Mpc, und befreit die beobachtete Radialgeschwindigkeit von der Bewegung der Sonne, dann erhält man nur positive Werte für v_r. 1929 stellte *E. Hubble* fest, daß die Rotverschiebung in den Spektren genügend entfernter Galaxien proportional ihrer Entfernung ist. Deutet man die Rotverschiebung als Dopplereffekt, so ergibt sich also

$$v_r = H \cdot r. \tag{4.11}$$

v_r wird in $km\,s^{-1}$, r in Mpc gemessen. H ist die Hubble-Konstante. Sie ist noch nicht so genau bekannt, wie es wünschenswert wäre. Man rechnet z. Z. meistens mit $H = 75\ km\,s^{-1}/Mpc$. Hubble hatte zunächst $530\ km\,s^{-1}/Mpc$ angegeben! *Sandage* und *Tamman* sind 1974/75 zu $57 \pm 6\ km\,s^{-1}/Mpc$ gekommen.

Oft wird, wenn andere Methoden versagen, die Beziehung (4.11) benutzt, um aus der gemessenen Rotverschiebung die Entfernung eines Sternsystems zu ermitteln. Ist v_r gegen c genügend klein – $v_r < 0{,}2\ c$ –, so gilt mit ausreichender Genauigkeit

$$v_r = c \cdot \frac{\Delta\lambda}{\lambda_0} = Hr. \tag{4.12}$$

Daraus folgt

$$r = \frac{c}{H} \cdot \frac{\Delta\lambda}{\lambda_0}. \tag{4.13}$$

Nimmt man an, daß eine Galaxie die Strecke r mit der konstanten Geschwindigkeit v_r zurückgelegt hat, so ergibt sich als Zeit für diesen Vorgang

$$T = \frac{r}{v_r} = \frac{1}{H}. \tag{4.14}$$

Diese Zeit ist für alle Galaxien die gleiche. Man kann sie, von den Vorstellungen des Urknalls ausgehend, in erster Näherung als Weltalter bezeichnen. Mit $H = 530\ km\,s^{-1}/Mpc$ und $1\ Mpc = 3{,}09 \cdot 10^{19}\ km$ erhielt man $T = 1{,}85 \cdot 10^9$ Jahre. Dieser Wert ist nach unseren heutigen Kenntnissen viel zu klein. Das Alter der Erde wird heute mit $4{,}6 \cdot 10^9$ Jahren angegeben!

Mit $H = 75\ km\,s^{-1}/Mpc$ erhält man $T = 13 \cdot 10^9$ Jahre und mit
$H = 57\ km\,s^{-1}/Mpc$ $T = 17 \cdot 10^9$ Jahre.

Gemessen wird zunächst die Größe $z = \frac{\lambda - \lambda_0}{\lambda_0}$, wobei λ die beobachtete und λ_0 die im Laboratorium gemessene Wellenlänge ist. Bis 1950 war $z = 0{,}14$ der größte bekannte Wert. Nach Gl. (4.5b), Seite 87, entspricht das einer Fluchtgeschwindigkeit von $42\,000\ km\,s^{-1}$.

1956 wurde im Galaxienhaufen Hydra II für z ein Wert von 0,203 gemessen. Das führt, wenn man nichtrelativistisch rechnet, zu $v_r = 60\,900\ km\,s^{-1}$. Hier liegt etwa die Grenze, bis zu der man noch ohne allzu großen Fehler klassisch rechnen kann. 1963 wurde unter den mittlerweile entdeckten *Quasaren* eine Rotverschiebung von $z = 0{,}3675$ gefunden. Nichtrelativistisch führt das zu einer Fluchtgeschwindigkeit von $110\,250\ km\,s^{-1}$, relativistisch kommt man zu $90\,945\ km\,s^{-1}$. Man muß dazu die Gl. (4.6), Seite 87, benutzen. Ganz klar wird die Notwendigkeit der relativistischen Rechnung, wenn $z > 1$ ist. Dies würde nach klassischer Rechnung zu einer Überlichtgeschwindigkeit führen. 1970 wurde bei einem *quasistellaren Objekt* $z = 2{,}887$, 1973 bei einem anderen sogar $z = 3{,}40$ gemessen.

Aufgabe:

3. Berechnen Sie für diese beiden zuletzt genannten Objekte die Fluchtgeschwindigkeit, vorausgesetzt, daß die Rotverschiebung als Doppler-Effekt gedeutet wird.
4. Wie groß ist nach der Beziehung $v_r = H \cdot r$ die Entfernung der beiden Objekte mit $z = 2{,}877$ und $z = 3{,}40$ a) mit $H = 75\ \mathrm{km\,s^{-1}/Mpc}$, b) mit $H = 57\ \mathrm{km\,s^{-1}/Mpc}$?

6. Druck- und Dopplerverbreiterung der Spektrallinien. Alle Spektrallinien besitzen eine natürliche Breite (Seite 85). Es gibt nun verschiedene Faktoren, die zu einer Verbreiterung führen. Mit zunehmendem Druck nimmt die Anzahl der Stöße in 1 s zwischen Atomen, Ionen oder Molekülen zu, die mittlere Lebensdauer also ab. Das führt nach Gl. (4.2) zu einer Verbreiterung. Man spricht von Druckverbreiterung. Infolge der thermischen Bewegung der Atome kommt bei Absorptions- und Emissionslinien der Doppler-Effekt zur Wirkung. Da die Geschwindigkeitsvektoren der zahllosen absorbierenden und emittierenden Atome regellos verteilt sind, kommt es zu einer Verbreiterung der Linien. Es ist sofort einzusehen, daß die Dopplerverbreiterung mit wachsender Temperatur zu-, mit wachsendem Atomgewicht dagegen abnimmt. Für die Halbwertsbreite (siehe Bild 4.2, Seite 86), für die der Doppler-Effekt infolge der Wärmebewegung verantwortlich ist, gilt

$$\Delta\lambda_D = \frac{\lambda}{c}\sqrt{\frac{2\,RT}{\mu}}. \qquad (4.15)$$

R ist die allgemeine Gaskonstante: $R = 8{,}314\ \mathrm{J\,K^{-1}\,kmol^{-1}}$.

Aufgabe:

5. Berechnen Sie die Halbwertsbreiten infolge des thermischen Doppler-Effekts für die Wasserstofflinie H_α ($\lambda = 656{,}3$ nm) und die D-Linien des Natriums ($\lambda = 589/589{,}6$ nm; Mittelwert $\lambda = 589{,}3$ nm) für die Sonne ($T_e \approx 6\,000$ K) und einen O5-Stern ($T_e \approx 35\,000$ K)!

Neben der Dopplerverbreiterung fällt die natürliche Linienbreite von der Größenordnung 10^{-5} nm nicht ins Gewicht.

Neben der thermischen Bewegung der Atome macht sich auch die turbulente Bewegung ganzer Gasmassen bemerkbar.

7. Rotationsverbreiterung. Bei der Sonne kann man ein Spektrum des Ost- oder Westrandes getrennt aufnehmen (Bild 4.4, Seite 89). Bei Sternen ist diese Trennung nicht möglich. Rotiert aber ein Stern schnell genug, und blickt man nicht gerade in Richtung der Rotationsachse – pole-on-Sterne – kann man eine Verbreiterung der Linien beobachten, die sich von der Verbreiterung durch die Wärmebewegung unterscheidet. Für die maximale Geschwindigkeit auf den Beobachter zu oder von ihm fort gibt es nämlich bei der Rotation eine scharfe Grenze. Das ist bei den thermischen Geschwindigkeiten nicht der Fall. Man berechnet für ausgewählte Linien den Rotationseffekt für verschiedene Rotationsgeschwindigkeiten und vergleicht das Profil der beobachteten Linien mit dem der berechneten (Bild 4.16).

Würde die Rotationsachse senkrecht zur Blickrichtung stehen, erhielte man auf diese Weise die lineare Geschwindigkeit am Äquator des Sterns. Da aber die Lage der Rotationsachse nicht bekannt ist, muß man sich mit dem Produkt $v \cdot \sin(i)$ begnügen, wobei i der

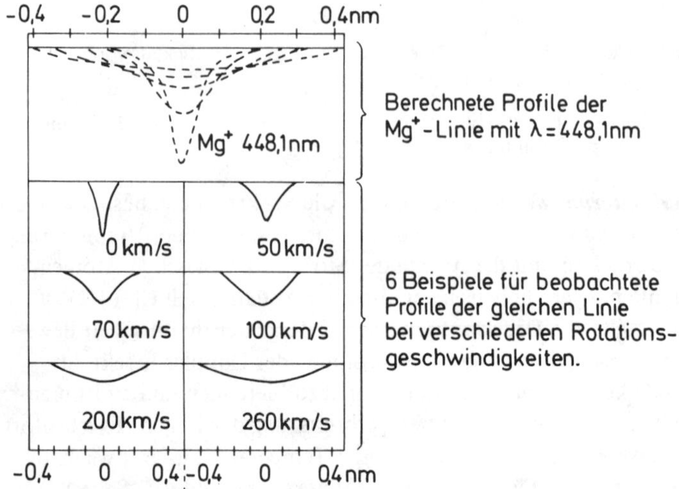

Bild 4.16

Winkel zwischen Sehstrahl und Rotationsachse ist. Die beobachteten Werte sind deshalb nur statistisch zu gebrauchen. Bei $v < 25$ km s^{-1} ist der Rotationseffekt nicht mehr nachzuweisen.

Untersuchungen an etwa 3 000 Sternen haben ergeben, daß die jungen und heißen Sterne schneller rotieren als die anderen. Die sonnenähnlichen Sterne und kühlere rotieren offenbar für einen Nachweis der geschilderten Art zu langsam. Bei B-Sternen mit 12 000 K bis über 30 000 K findet man Äquatorgeschwindigkeiten von 200 ... 250 km s^{-1}. Der größte Wert von 560 km s^{-1} ist bisher bei einem Stern im Perseus beobachtet worden. Wahrscheinlich ist hier $i \approx 90°$. Im Spektrum dieses Sterns erscheinen Emissionslinien, die in breitere Absorptionslinien eingebettet sind.

Aufgabe:

6. Versuchen Sie, diese Erscheinung zu erklären!

*8. **Die-21-cm-Linie und die Struktur der Milchstraße.*** Die 21-cm-Linie ist eine verbotene Linie. Sie entsteht durch Übergang von einem metastabilen Niveau mit der außerordentlich großen Lebensdauer von $11 \cdot 10^6$ a. Wenn alles Wasserstoffgas in der Milchstraße relativ zur Sonne in Ruhe wäre, müßte diese Linie sehr scharf sein. Eine Verbreiterung wird durch die turbulente Bewegung der interstellaren Gaswolken hervorgerufen. Die thermische Dopplerverbreiterung fällt bei einer Temperatur des interstellaren Gases von etwa 100 K demgegenüber nicht ins Gewicht.

Viel interessanter als eine Verbreiterung ist eine Verschiebung der Linie, die auf die differentielle Rotation der Milchstraße zurückzuführen ist (siehe Seite 102). In Bild 4.17 ist angenommen, daß sich in einer Blickrichtung drei Bereiche befinden, in denen der Wasserstoff merklich dichter als in den Zwischengebieten ist. Die gestrichelten Pfeile geben die Geschwindigkeit infolge der Rotation um das Zentrum Z, die kräftig ausgezogenen

Pfeile die Radialgeschwindigkeit in bezug auf die Sonne an. Die Konstruktion geht aus dem Bild hervor. Beim Empfang der 21-cm-Linie unter den in Bild 4.17 vorausgesetzten Bedingungen wird ein Profil mit 3 Maxima registriert. Aus der Lage der Maxima kann man auf die Radialgeschwindigkeiten schließen. Die größte Radialgeschwindigkeit wird für den Bereich II gemessen. Der Sehstrahl durch diesen Bereich tangiert eine Kreisbahn um das galaktische Zentrum Z. Das Linienprofil fällt nach größeren Radialgeschwindigkeiten hin steil ab. Die Entfernung des Bereichs II von der Sonne kann bestimmt werden. Sie ist $r = r_0 \cos(l)$, wenn r_0 der Abstand der Sonne von Z und l die galaktische Länge ist. Die Lage der Bereiche I und III in bezug auf II läßt sich aus der Radialgeschwindigkeit nicht eindeutig ermitteln. Man kann aber u. U. eine Entscheidung fällen, wenn sich die Winkelausdehnung der beiden H-Wolken senkrecht zur galaktischen Ebene messen läßt. Bei III mißt man mit großer Wahrscheinlichkeit eine geringere Ausdehnung als bei I.

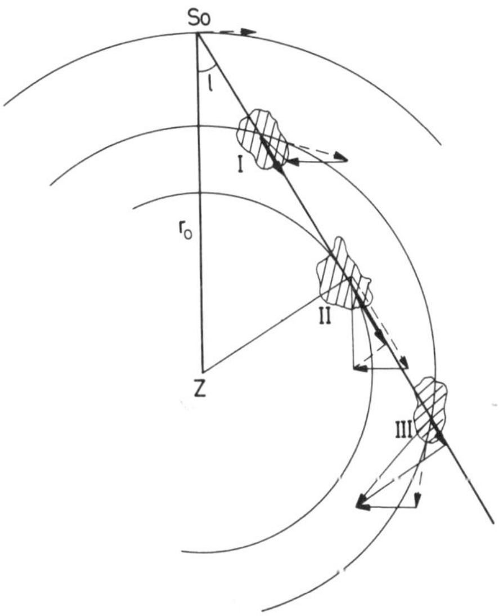

Bild 4.17

Insgesamt erfordert die Lokalisierung der Gebiete mit größerer Wasserstoffdichte sehr viel Kleinarbeit[1]. Das Ergebnis aller Bemühungen ist die Feststellung, daß unsere Milchstraße eine Spiralstruktur besitzt. Die Spiralarme sind die Bereiche größerer Wasserstoffkonzentration. Der Vorteil der Untersuchungen mit Hilfe der 21-cm-Linie ist der, daß man noch aus Entfernungen von 50 000 LJ und mehr Informationen erhält, während optische Methoden auf einen wesentlich kleineren Bereich (< 15 000 LJ) beschränkt sind.

9. ***Die Struktur der Saturnringe.*** Die Ringe des Saturn bestehen aus unzählig vielen Teilchen, die unabhängig voneinander den Saturn auf Kreisbahnen umlaufen. Ist a der Bahnradius eines Teilchens und v seine Bahngeschwindigkeit, so gilt nach dem 3. Keplergesetz $a \cdot v^2 = \text{const.} = G \cdot m$ (siehe Aufg. 3, Seite 00). Die äußeren Teilchen bewegen sich also langsamer als die inneren.

---

[1]) Die hier gegebene Darstellung ist nur als grobes Schema anzusehen.

Aufgabe:

7. Berechnen Sie die Bahngeschwindigkeit für die äußeren Teilchen des A-Rings, die inneren Teilchen des B-Rings und für einen Punkt auf dem Äquator des Saturn!

Legt man den Spalt eines Spektrographens, wie es Bild 4.18 zeigt, dann sind die Linien im Spektrum des reflektierten Sonnenlichts in drei Teile geteilt. Die beiden äußeren Teile stammen vom Ring, der innere Teil von der Oberfläche des Saturn.

Alle Teile müssen infolge der Dopplerverschiebung verschiedene Neigungen gegen die Spaltrichtung besitzen. Schematisch ist diese zu erwartende Erscheinung in Bild 4.18 angegeben. Das Spektrum in Bild 4.19 zeigt die Richtigkeit der Überlegungen.

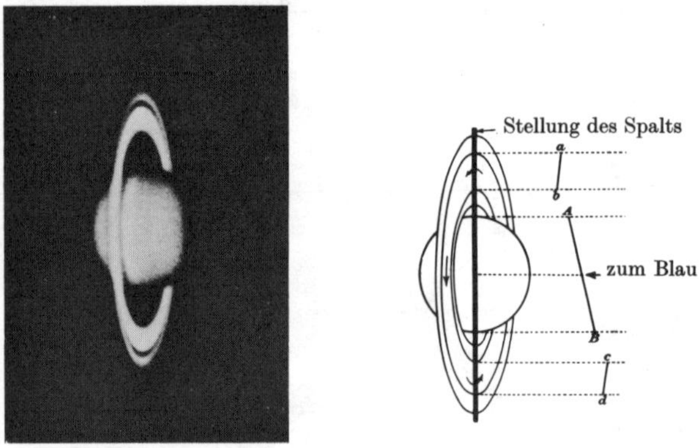

Bild 4.18

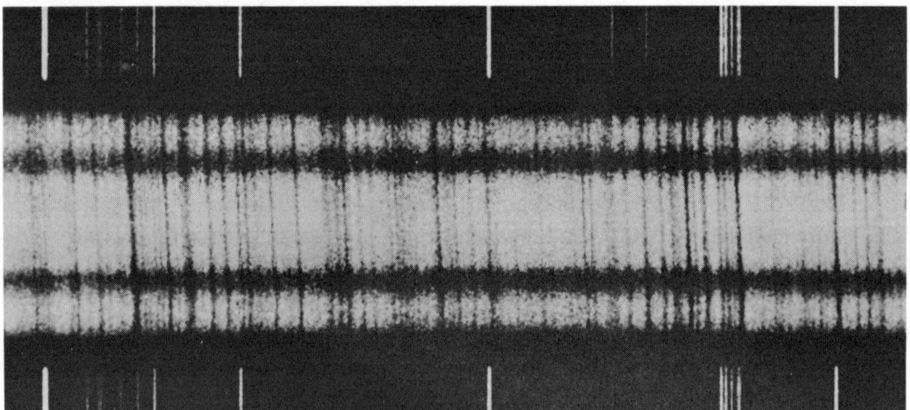

Bild 4.19

5 Kernphysik

Einige Kenntnisse aus der Kernphysik lassen in Verbindung mit der Gravitationstheorie schon recht viele und weitreichende Aussagen über die Entwicklung von Sternen zu, von der Kontraktion interstellarer Wolken bis zu den verschiedenen Endstadien der Sterne.

5.1 Notwendige Kenntnisse aus der Physik

5.1.1 Aufbau der Atomkerne

Die Bausteine der Atomkerne heißen Nukleonen. Es sind Protonen und Neutronen. Die Anzahl der Protonen in einem Atomkern wird mit Z, die Anzahl der Neutronen mit N, die Anzahl der Nukleonen mit A bezeichnet. Es gilt A = Z + N. Z ist gleich der Ordnungszahl, A wird Massenzahl genannt. Zur Kennzeichnung eines Atomkerns werden Z und A benutzt. Beispiele:

$${}^{1}_{1}\mathrm{H},\ {}^{2}_{1}\mathrm{D},\ {}^{16}_{8}\mathrm{O},\ {}^{18}_{8}\mathrm{O},\ {}^{40}_{20}\mathrm{Ca}\ \text{ usw.}$$

Atome mit gleichem Z, aber verschiedenem A heißen Isotope. Der Zusammenhalt der Nukleonen in einem Atomkern wird durch die Kernkräfte bewirkt. Diese sind sehr stark, haben eine geringe Reichweite und sind ladungsunabhängig.

Die Masse eines Protons ist $m_p = 1{,}6725 \cdot 10^{-27}$ kg.

Die Masse eines Neutrons ist $m_n = 1{,}6748 \cdot 10^{-27}$ kg.

Für jeden Kern, mit Ausnahme des Wasserstoffkerns ${}^{1}_{1}\mathrm{H}$, gilt

$$Z m_p + N m_n - m_k = \Delta m > 0, \tag{5.1a}$$

wenn m_k die Masse des Kerns ist.

Aus dem Massendefekt Δm läßt sich die Bindungsenergie E_B bestimmen:

$$E_B = \Delta m \cdot c^2. \tag{5.1b}$$

Wichtig ist die Bindungsenergie pro Nukleon $\frac{E_B}{A}$.

Die Bindungsenergie wird zweckmäßig in MeV gemessen. Es gilt:

$$1\ \mathrm{J} = 0{,}6242 \cdot 10^{13}\ \mathrm{MeV}, \qquad 1\ \mathrm{MeV} = 1{,}602 \cdot 10^{-13}\ \mathrm{J}.$$

Aufgabe:

Stellen Sie nach folgender Tabelle die Bindungsenergie pro Nukleon in Abhängigkeit von A dar.

Tabelle 5.1

Atomkern	$^{2}_{1}D$	$^{4}_{2}He$	$^{12}_{6}C$	$^{14}_{7}N$	$^{16}_{8}O$	$^{20}_{10}Ne$	$^{24}_{12}Mg$	$^{28}_{14}Si$	$^{40}_{20}Ca$	$^{52}_{24}Cr$	$^{56}_{26}Fe$
gesamte Bindungs-energie in MeV	2,23	28,3	92,2	104,7	127,6	160,7	198,3	236,6	342,1	456,4	492,3

Atomkern	$^{59}_{27}Co$	$^{58}_{28}Ni$	$^{75}_{33}As$	$^{79}_{35}Br$	$^{107}_{47}Ag$	$^{138}_{56}Ba$	$^{195}_{78}Pt$	$^{209}_{83}Bi$	$^{226}_{88}Ra$	$^{238}_{92}U$
gesamte Bindungs-energie in MeV	517,3	506,4	652,6	686,3	915,4	1158,6	1546,0	1641,2	1732,8	1802,8

Von Deuteronen, Tritonen, $^{3}_{2}He$ und Lithium abgesehen liegen die Bindungsenergien pro Nukleon zwischen 6 MeV und 9 MeV.

Die Kurve $\frac{E_B}{A}$ gegen A zeigt für die Elemente um Eisen – Cr, Mn, Fe, Co, Ni, Cu – ein Maximum. Daraus läßt sich der wichtige Schluß ziehen, daß beim Aufbau der Elemente bis zur Eisengruppe Energie frei wird, während für den Aufbau der Elemente mit noch höherer Ordnungszahl Energie benötigt wird.

Für das Verständnis der weiter unten behandelten astronomischen Probleme ist noch die Kenntnis der wichtigsten Eigenschaften der Positronen und Neutrinos und die Schreibweise von Kernprozessen nötig.

5.1.2 Coulombsches Potential, Tunneleffekt

Nähert sich ein Proton einem Atomkern, so erfährt es infolge der Coulombkraft eine wachsende Abstoßung. Kommt es bei genügend hoher kinetischer Energie dem Kern nahe genug, so machen sich die Kernkräfte bemerkbar, und die Anziehung überwiegt die Abstoßung. Die Verhältnisse werden durch ein Diagramm übersichtlich dargestellt, in dem das Potential V(r) gegen den Abstand r vom Kern aufgetragen ist (Bild 5.1). Im Abstand $r = r_0$ setzt die Kernkraft ein, das Potential fällt steil ab. r_0 kann als Radius des Kerns angesehen werden. Der Radius eines Protons wird mit $1{,}42 \cdot 10^{-15}$ m angegeben. Allgemein gilt

$$r_{Kern} = r_{Proton} \cdot A^{1/3}.$$

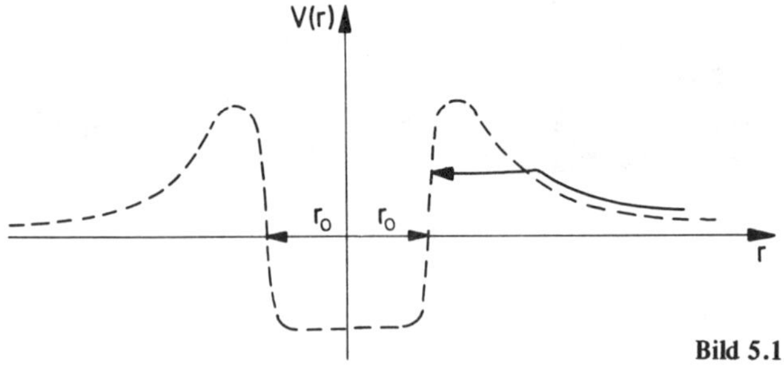

Bild 5.1

Die Quantenmechanik hat zu der wichtigen Erkenntnis geführt, daß Teilchen auch dann in den Potentialtopf hinein oder aus ihm hinaus gelangen können, wenn ihre kinetische Energie nicht so groß ist, daß sie den Potentialwall überlaufen können. Sie können mit einer gewissen Wahrscheinlichkeit den Wall unterhalb des Gipfels durchdringen – *Tunneleffekt.* Der Tunneleffekt ist z. B. für den α-Zerfall und für Fusionsreaktionen im Inneren eines Sterns von entscheidender Bedeutung.

5.2 Astronomische Probleme

5.2.1 Gravitationsinstabilität in interstellaren Wolken – Kontraktion – Entstehung von Sternen

Sterne bilden sich aus interstellarer Materie. Diese besteht zu 99 % aus Gas – hauptsächlich H und He – und 1 % aus Staub. Verglichen werden die Massen. Die Dichte des interstellaren Gases außerhalb von Wolken beträgt $\approx 10^{-24}$ g/cm^3. Die Dichte in Wolken, z. B. Emissionsnebeln, ist 10 bis 10^4 mal so groß.

Die dichteren Wolken sind *Geburtsstätten neuer Sterne.* Die Voraussetzungen dafür, daß Teile einer Wolke sich zusammenziehen, lassen sich verhältnismäßig einfach angeben. Der Virialsatz (Gl. (2.13)) sagt, daß

$$\overline{E}_k = -\frac{1}{2}\,\overline{E}_p$$

oder

$$\frac{2\,\overline{E}_k}{\overline{E}_p} = -1 \tag{5.2}$$

ist. E_k ist nichts anderes als die Summe der kinetischen Energien aller Atome, Ionen und Moleküle in der Gaswolke. Vom Staub kann abgesehen werden. Es ist

$$\overline{E}_k = \frac{3}{2}\,kT \cdot N. \tag{5.3a}$$

Für N, die Anzahl der Partikel, gilt $N = \frac{m}{\overline{\mu}}$, wenn m die Gesamtmasse der Wolke und $\overline{\mu}$ die mittlere Atommasse ist. Man erhält also

$$\overline{E}_k = \frac{3}{2}\,kT \cdot \frac{m}{\overline{\mu}}. \tag{5.3b}$$

Für die potentielle Energie einer als kugelförmig angenommenen Wolke – Radius R – gilt nach Gl. (2.18),

$$E_p = -\frac{3}{5}\,G\,\frac{m^2}{R}. \tag{5.4}$$

Der Virialsatz (5.2) führt also zu der Aussage

$$\frac{3\,kT \cdot \frac{m}{\overline{\mu}}}{\frac{3}{5} \cdot \frac{G m^2}{R}} = 1. \tag{5.5}$$

Nimmt man gleichmäßige Dichte in der kugelförmigen Wolke an, dann kann man mit Hilfe der Beziehung $m = \frac{4}{3}\pi \rho R^3$ den Radius eliminieren. Man erhält

$$m = \left(\frac{5\,k}{G}\right)^{3/2} \cdot \left(\frac{3}{4\pi}\right)^{1/2} \cdot T^{3/2} \cdot \overline{\mu}^{-3/2} \cdot \rho^{-1/2} \tag{5.6a}$$

$$m = C\left(\frac{T}{\overline{\mu}}\right)^{3/2} \cdot \rho^{-1/2} \tag{5.6b}$$

Der Zahlenwert des Faktors C ist $5{,}14 \cdot 10^{-19}$.

Nun ist in einem Gas bei gegebenem Volumen der Druck der mittleren kinetischen Energie der Atome proportional und diese wiederum proportional der absoluten Temperatur T. Aus den Gln. (5.6a/b) liest man die leicht verständliche Tatsache ab, daß nur bei genügend hoher Temperatur und geringer Dichte die Gaswolke gravitationsstabil ist. Ist

$$m > C\left(\frac{T}{\overline{\mu}}\right)^{3/2} \cdot \rho^{-1/2}, \tag{5.7}$$

dann zieht sich die Wolke zusammen. Gl. (5.7) ist das Instabilitätskriterium von *Jeans.*

Für das allgemein verteilte interstellare Gas und auch für die Materie in dichteren Gaswolken kann man die mittlere Atommasse $\overline{\mu} \approx 2 \cdot 1{,}6725 \cdot 10^{-27}$ kg setzen. Hierbei ist die Annahme gemacht, daß die interstellare Materie zu 70 % aus H und zu 30 % aus He besteht. Von schwereren Elementen kann für die folgenden Abschätzungen abgesehen werden.

$$\overline{\mu} = \frac{70\,\mu(H) + 30\,\mu(He)}{100} = \frac{70 + 120}{100}\,\mu(H) \approx 2 \cdot \mu(H)$$

1. Beispiel: Die Dichte des interstellaren Gases ist $\rho \approx 10^{-21}\ \mathrm{kg\,m^{-3}}$, die Temperatur etwa 100 K. Aus Gl. (5.7) ergibt sich

$$m > 8{,}4 \cdot 10^{34}\ \mathrm{kg} \quad \text{oder} \quad m > 4{,}2 \cdot 10^{4}\ m_\odot \quad (m_\odot \approx 2 \cdot 10^{30}\ \mathrm{kg}).$$

Hierbei sind die turbulenten Strömungen des Gases nicht berücksichtigt.

Aufgabe:

Wie wirkt sich eine Turbulenz innerhalb einer Wolke in bezug auf die Masse aus, die zur Gravitationsinstabilität erforderlich ist?

2. Beispiel: Interstellares Gas möge sich in einer Wolke auf 100 Atome/cm³ verdichtet haben. Die Temperatur betrage 100 K. Eine anfängliche Turbulenz sei verschwunden. Aus Gl. (5.7) folgt

$$m > 8{,}4 \cdot 10^{33}\ \mathrm{kg} \quad \text{oder} \quad m > 4{,}2 \cdot 10^{3}\ m_\odot.$$

Aus diesem Beispiel geht hervor, daß aus einer interstellaren Wolke niemals ein einzelner Stern entstehen kann. Im weiteren Verlauf der Entwicklung zerfällt allerdings eine kontrahierende Wolke in Bruchstücke, in denen die Dichte groß und die Temperatur niedrig genug ist, so daß sich einzelne Sterne mit den für sie bekannten Massen bilden können. Sterne entstehen also immer in ganzen Gruppen: Sternhaufen, Assoziationen.

5.2.2 Thermonukleare Reaktionen in Sternen auf der Hauptreihe

Wenn sich eine Verdichtung gebildet hat, aus der ein einzelner Stern entstehen kann, wird zunächst durch weitere Kontraktion potentielle in kinetische Energie, letztlich in Wärmeenergie umgewandelt. Aus dem Virialsatz folgt, daß die Hälfte der Wärme abgestrahlt werden muß. Das Vermögen des *„Protosterns"*, die überschüssige Wärme abzugeben, bestimmt die Geschwindigkeit der Kontraktion. Die im Inneren erzeugte Wärme muß durch Strahlung oder Konvektion zur Oberfläche transportiert werden. Die Wärmeleitung spielt keine wesentliche Rolle. Diese Probleme sollen hier nicht besprochen werden.

Dichte und Temperatur eines Protosterns begünstigen die Bildung von H_2 aus dem ursprünglichen H. Der Protostern besteht zu einem großen Teil aus H_2 und He. Durch Kontraktion wächst die Temperatur. Von etwa 1 800 K an wird H_2 dissoziiert. Dadurch wird viel Energie verbraucht. Der Innendruck läßt nach. Der Protostern erleidet einen Kollaps. Nun wird durch diesen Kollaps die Temperatur so stark erhöht, daß zunächst H und im späteren Verlauf auch He ionisiert wird. Schließlich liegt im Kern völlig ionisierte Materie vor.

Beispiel: Bei einem Protostern von So-Masse beginnt der Kollaps, wenn der Radius etwa 100 AE beträgt. Zum Vergleich: Das heutige Planetensystem hat – soweit bekannt – einen Halbmesser von 50 AE, wenn man den größten Abstand des Plutos zugrunde legt. Nach dem Zusammensturz des Protosterns ist der Radius nur noch 0,2 ... 0,3 AE. Dieses Schrumpfen geschieht in rund 100 a. Im Vergleich mit anderen Zeiten in der Sternentwicklung kann man also mit Recht von einem Zusammen-„sturz" sprechen.

Bei einer Temperatur von einigen 10^6 K setzen Kernreaktionen ein. Wenn $T > 5 \cdot 10^6$ K ist, wird die Umwandlung von H in He so wirksam, daß die Kontraktion aufhört. Aus dem Protostern ist ein Stern geworden. Die Energiequelle, aus der der Verlust durch Ausstrahlung gedeckt wird, ist von jetzt an die Kernfusion. Der Stern befindet sich im hydrostatischen Gleichgewicht. In diesem Gleichgewicht befinden sich die weitaus meisten der beobachteten Sterne. Sie haben eine von ihrer Masse und chemischen Zusammensetzung abhängige Oberflächentemperatur und Leuchtkraft. Im HRD liegen sie auf der Hauptreihe (siehe S. 73).

Folgende Prozesse kommen für die Bildung von He aus H infrage:

1. Die Proton-Proton-Kette, auch pp-Kette, pp-Reaktion,
2. Der CNO-Zyklus, auch Bethe-Weizsäcker-Zyklus.

pp-Kette:

1. Schritt: $^1_1H(p, e^+\nu)\,^2_1D(p, \gamma)\,^3_2He$ (5.8a)

Nach der Bildung von ${}^{3}_{2}\mathrm{He}$ gibt es Verzweigungen:

$$\begin{aligned} &\text{a)}\ {}^{3}_{2}\mathrm{He}\,({}^{3}_{2}\mathrm{He}, 2\,\mathrm{p})\,{}^{4}_{2}\mathrm{He}, \\ &\text{b)}\ {}^{3}_{2}\mathrm{He}\,(\alpha, \gamma)\,{}^{7}_{4}\mathrm{Be}\,(\mathrm{e}^{+}\nu)\,{}^{7}_{3}\mathrm{Li}\,(\mathrm{p}, \gamma)\,2\,{}^{4}_{2}\mathrm{He}, \\ &\text{c)}\ {}^{3}_{2}\mathrm{He}\,(\alpha, \gamma)\,{}^{7}_{4}\mathrm{Be}\,(\mathrm{p}, \gamma)\,{}^{8}_{5}\mathrm{B}\,(\mathrm{e}^{+}\nu)\,{}^{8}_{4}\mathrm{Be}^{\mathrm{x}} \to 2\,{}^{4}_{2}\mathrm{He}. \end{aligned} \tag{5.8b}$$

Die unter b) und c) aufgeführten Reaktionen treten mit steigender Temperatur mehr und mehr in Erscheinung.

Bemerkungen zum zeitlichen Ablauf: Im Zentrum der Sonne herrscht eine Temperatur von ca. $14 \cdot 10^{6}$ K und eine Dichte von etwa $10^{2}\ \mathrm{g\,cm^{-3}}$. Unter diesen Bedingungen dauert es im Mittel $14 \cdot 10^{9}$ a, bis ein Proton sich mit einem anderen zu einem Deuteron vereinigt. Ein Deuteron fängt im Mittel in 6 s ein Proton zur Bildung von ${}^{3}_{2}\mathrm{He}$ ein. 10^{6} a dauert es nun wiederum, bis 2 ${}^{3}_{2}\mathrm{He}$-Kerne bei einem Stoß einen ${}^{4}_{2}\mathrm{He}$-Kern und 2 Protonen bilden. Es ist klar, daß die mittlere Dauer für das Durchlaufen der pp-Kette durch die langsamste Reaktion bestimmt wird.

Bemerkungen zum Energiegewinn: Die Vereinigung zweier Protonen zu einem Deuteron liefert 1,44 MeV, der Aufbau eines ${}^{3}_{2}\mathrm{He}$-Kerns aus ${}^{1}_{1}\mathrm{H}$ und ${}^{2}_{1}\mathrm{D}$ 5,49 MeV. Beim letzten Schritt, bei dem aus 2 ${}^{3}_{2}\mathrm{He}$-Kernen 1 ${}^{4}_{2}\mathrm{He}$-Kern und 2 Protonen entstehen, werden 12,86 MeV frei. Die ersten beiden Schritte müssen zweimal erfolgen, damit für den dritten Schritt 2 ${}^{3}_{2}\mathrm{He}$-Kerne zur Verfügung stehen. Die beim 1. Schritt entstehenden Neutrinos verlassen den Stern praktisch ohne Wechselwirkung. Dabei gehen pro Neutrino 0,26 MeV verloren. Die Energiebilanz für den Fall a) ist also

$$2\,(1{,}44 + 5{,}49 - 0{,}26)\ \mathrm{MeV} + 12{,}89\ \mathrm{MeV} = 26{,}23\ \mathrm{MeV}.$$

Für den Fall b) ergibt sich eine „nutzbare" Energie von 25,9 MeV und für c) 19,5 MeV. Im letzten Fall führen die Neutrinos besonders viel Energie mit sich fort, nämlich insgesamt 7,2 MeV pro Reaktionskette.

CNO-Zyklus. Im Bereich von $16 \cdot 10^{6}$ K bis $50 \cdot 10^{6}$ K wird die Energie im wesentlichen durch den CNO-Zyklus geliefert:

$\to {}^{12}_{6}\mathrm{C}\,(\mathrm{p}, \gamma)$	${}^{14}_{7}\mathrm{N}\,(\mathrm{e}^{+}\nu)$	${}^{13}_{6}\mathrm{C}\,(\mathrm{p}, \gamma)$	${}^{14}_{7}\mathrm{N}\,(\mathrm{p}, \gamma)$	${}^{15}_{8}\mathrm{O}\,(\mathrm{e}^{+}\nu)$	${}^{15}_{7}\mathrm{N}\,(\mathrm{p}, \underline{\underline{\alpha}})$	${}^{12}_{6}\mathrm{C} \to$
$1{,}3 \cdot 10^{7}$ a;	7 min,	$2{,}7 \cdot 10^{6}$ a,	$3{,}2 \cdot 10^{8}$ a,	82 s,	$1{,}1 \cdot 10^{5}$ a	

(5.9)

Die Zeitangaben gelten wieder für die Verhältnisse im So-Inneren. Der Energiegewinn beträgt bei der Bildung eines ${}^{4}_{2}\mathrm{He}$-Kerns 25,03 MeV. 1,69 MeV gehen durch Neutrinos verloren. Neben dem Hauptzyklus läuft noch ein Nebenzyklus ab. Der letzte Schritt ist hier nicht

$${}^{15}_{7}\mathrm{N}\,(\mathrm{p}, \alpha)\,{}^{12}_{6}\mathrm{C}, \qquad \text{sondern}\ {}^{15}_{7}\mathrm{N}\,(\mathrm{p}, \gamma)\,{}^{16}_{8}\mathrm{O}$$

mit der Fortsetzung

$${}^{16}_{8}\mathrm{O}\,(\mathrm{p}, \gamma)\,{}^{17}_{9}\mathrm{F}\,(\mathrm{e}^{+}\nu)\,{}^{17}_{8}\mathrm{O}\,(\mathrm{p}, \underline{\underline{\alpha}})\,{}^{14}_{7}\mathrm{N}.$$

Hier mündet der Nebenzyklus wieder in den Hauptzyklus ein. Der Energiegewinn beträgt im Nebenzyklus 24,74 MeV pro $^4_2$He-Kern. Der Verlust durch Neutrinos ist 1,98 MeV. Als Summe von nutzbarer und verlorener Energie ergibt sich bei allen besprochenen Reaktionen 26,72 MeV. (Hierbei ist auch die 3. Dezimalstelle bei den Einzelenergien berücksichtigt.)

Man schätzt, daß der Energiebedarf der Sonne zu 56 % aus der 1. pp-Kette, zu 40 % aus der 2. pp-Kette und der Rest aus dem CNO-Zyklus gedeckt wird. Nur ein verschwindend kleiner Teil entfällt auf die 3. pp-Kette.

Sieht man in den pp-Ketten und dem CNO-Zyklus von allen Zwischenkernen ab, so reduziert sich die Aussage auf $4\,p \rightarrow {}^4_2\text{He}$.

Aufgaben:

1. Die Strahlungsleistung der Sonne beträgt $3{,}82 \cdot 10^{26}$ W.
   a) Wieviel Protonen müssen in 1 s über die pp-Kette I in $^4_2$He verwandelt werden?
   b) Welchen Massenverlust erleidet die Sonne infolge des Massendefekts in 1 s?
   c) Wieviel Tonnen H werden in 1 s in He verwandelt?
   d) Wie groß ist der Wirkungsgrad, wenn man den Wirkungsgrad bei vollständiger Verwandlung von Masse in Energie gleich 100 % setzt?
2. Die Tabelle 5.2 gibt für einige Spektraltypen der Leuchtkraftklasse V – das sind Sterne auf der Hauptreihe – die Leuchtkraft und Masse in Vielfachen der betreffenden Werte für die Sonne.

   Tabelle 5.2

Spektraltyp	Leuchtkraft	Masse
BOV	$L = 5 \cdot 10^4\, L_\odot$	$m = 18\, m_\odot$
AOV	$L = 40\, L_\odot$	$m = 3{,}2\, m_\odot$
KOV	$L = 0{,}4\, L_\odot$	$m = 0{,}8\, m_\odot$
MOV	$L = 0{,}06\, L_\odot$	$m = 0{,}5\, m_\odot$

   Beantworten Sie die Fragen a), b) und c), wie sie in der vorhergehenden Aufgabe für die Sonne gestellt worden sind, für die ausgewählten Sterne.
3. Es kann angenommen werden, daß die Sonne in den vergangenen $4{,}5 \cdot 10^9$ a in gleicher Weise Energie abgestrahlt hat, wie sie es heute tut. Berechnen Sie den Massenverlust! Welcher Prozentsatz der heutigen Masse ist das?
4. Welchen Prozentsatz seiner Masse verliert ein BOV-Stern in 10^7 a?

Wenn etwa 10 ... 12 % des gesamten Wasserstoffs in Helium umgewandelt sind, setzen andere Kernreaktionen ein, und der Stern verläßt die Hauptreihe.

Aufgaben:

5. Wie groß ist die Verweilzeit der Sonne auf der Hauptreihe, wenn man annimmt, daß sie während der ganzen Zeit, die sie auf der Hauptreihe verbringt, die gleiche Leuchtkraft besitzt und zu Beginn zu 70 % (Massenprozent) aus Wasserstoff bestand? Rechnen Sie mit 12 %.
6. Wie groß ist unter gleichen Voraussetzungen wie in der vorhergehenden Aufgabe die Verweilzeit eines BOV- und eines MOV-Sterns?

Zum ausreichenden Verständnis der Reaktionen im Inneren eines Sterns ist es nötig zu überlegen, wann überhaupt eine Verschmelzung zweier Kerne möglich ist. Da die positiven Kernladungen sich abstoßen, ist eine genügend große kinetische Energie der Stoßpartner erforderlich, damit sich zwei Kerne so nahe kommen, daß die starken anziehenden Kernkräfte wirksam werden. Bezeichnet man den Abstand, der für eine Fusion erreicht werden muß, mit r_0, die Kernladungszahlen der beiden Kerne mit Z_1 und Z_2, so gilt

$$E_k \geqq - \int_{\infty}^{r_0} \frac{Z_1 Z_2 e^2}{4 \pi \epsilon_0 r^2} \, dr; \quad E_k \geqq \frac{Z_1 Z_2 e^2}{4 \pi \epsilon_0 r_0} . \tag{5.10}$$

Für das H-Brennen gilt $r_0 = 1{,}42 \cdot 10^{-15}$ m; $Z_1 = Z_2 = 1$. Damit erhält man

$$\overline{E}_k \geqq 1{,}65 \cdot 10^{-13}\ \text{J} \approx 1{,}03\ \text{MeV}.$$

Bei $14 \cdot 10^7$ K beträgt die mittlere kinetische Energie eines Teilchens

$$\overline{E}_k = \frac{3}{2} kT \approx 2{,}9 \cdot 10^{-16}\ \text{J} \approx 1{,}8\ \text{keV}$$

Wie kann es trotz des beträchtlichen Unterschieds zwischen der zur Verschmelzung benötigten und der vorhandenen mittleren kinetischen Energie zu Kernreaktionen kommen?

1. $E_k = 1{,}03$ MeV ist die kinetische Energie der *relativen* Stoßbewegung. Die mittlere Energie der einzelnen Teilchen braucht entsprechend der herrschenden Temperatur nur 1/4 so groß zu sein.
2. Man muß die Maxwellsche Geschwindigkeitsverteilung beachten. Die Anzahl der Teilchen mit kinetischen Energien oberhalb 1,8 keV nimmt allerdings mit wachsender Differenz gegen diesen Wert sehr schnell ab.

Auf Grund der unter 1 und 2 genannten Tatsachen kämen viel zu wenig Protonen in einer Sekunde zur Fusion, um den Energiebedarf der Sonne und anderer Sterne zu decken.

3. Entscheidend ist der Tunneleffekt. Für Teilchen, die den Potentialwall nicht überlaufen können, besteht eine gewisse Wahrscheinlichkeit, diesen Wall an tieferer Stelle zu durchdringen.

Aufgabe:

7. Eine interessante Abschätzung! Es soll angenommen werden, daß in einem zentralen Bereich der Sonne, in dem 5 % der Masse vereinigt sind, der Wasserstoffgehalt heute nur noch 50 % beträgt. Welcher Bruchteil der Protonen nimmt je Sekunde an der Umwandlung in He teil?

Würde die mittlere kinetische Energie der Protonen in der Sonne für eine Fusion ausreichen, dann käme es in kürzester Zeit zu einer ungeheuren Energieproduktion. Die Sonne würde auseinander gerissen.

5.2.3 Kernprozesse in Sternen außerhalb der Hauptreihe

Wenn 10 ... 12 % des Wasserstoffs verbraucht sind, besteht der Kern eines Sterns zum größten Teil aus Helium. Das H-Brennen ist erloschen. Für Reaktionen der He-Kerne miteinander ist die Temperatur noch nicht hoch genug. Der Kern kontrahiert. Die Materie der

Hülle stürzt nach. Dadurch wird die Temperatur in einer dünnen, den Kern umgebenden Schicht so hoch, daß hier H in He umgewandelt werden kann. Man spricht von einem *Schalenbrennen.* Aber auch die Temperatur des Kerns wächst. Bei ca. 10^8 K können He-Kerne miteinander reagieren. Der jetzt einsetzende 3-α-Prozeß – auch Salpeter-Prozeß genannt, nach *E. E. Salpeter* 1951 – liefert soviel Energie, daß die Kontraktion zum Stillstand kommt. Inzwischen aber hat sich die Hülle des Sterns durch die beim Schalenbrennen und der Kontraktion frei werdenden Energie stark ausgedehnt, wobei die Oberflächentemperatur sinkt. Der Stern ist in ein Gebiet rechts oberhalb der Hauptreihe abgewandert (siehe S. 73). Er ist zum *roten Riesen* geworden.

3-α-Prozeß. Zunächst verschmelzen 2 ${}^4_2$He-Kerne zu ${}^8_4$Be:

$$ {}^4_2\mathrm{He} + {}^4_2\mathrm{He} = {}^8_4\mathrm{Be} + \gamma - 0{,}095\ \mathrm{MeV}. \tag{5.11a}$$

Der Prozeß ist leicht endotherm. ${}^8_4$Be ist instabil und zerfällt sehr schnell wieder in 2 α-Teilchen. Eine winzige Beimengung von ${}^8_4$Be ist aber immer vorhanden, etwa 1 ${}^8_4$Be-Kern auf 10^{10} ${}^4_2$He-Kerne. Die folgende Reaktion führt zu ${}^{12}_6$C:

$$ {}^8_4\mathrm{Be}\,(\alpha, \gamma)\ {}^{12}_6\mathrm{C} + 7{,}3\ \mathrm{MeV} \tag{5.11b}$$

Der Aufbau von ${}^{12}_6$C aus ${}^4_2$He läßt sich auch kurz so schreiben:

$$ 2\ {}^4_2\mathrm{He} \rightleftharpoons {}^8_4\mathrm{Be}\,(\alpha, \gamma)\ {}^{12}_6\mathrm{C}. \tag{5.12}$$

Der Doppelpfeil zeigt die Instabilität von ${}^8_4$Be an. Wegen des raschen Zerfalls von ${}^8_4$Be müssen 3 ${}^4_2$He-Kerne fast gleichzeitig zusammenstoßen. Deshalb spricht man auch von einem Dreierstoß. Der Prozeß kann nur bei genügend hoher Dichte ablaufen,
$\rho \gtrapprox 10^4\ \mathrm{g\,cm^{-3}}$.

Nach der Bildung von ${}^{12}_6$C können, wenn im Sterninneren die nötigen Bedingungen erreicht werden, folgende Reaktionen ablaufen:

$$\begin{aligned} &{}^{12}_6\mathrm{C}\,(\alpha, \gamma)\ {}^{16}_8\mathrm{O} + 7{,}15\ \mathrm{MeV} \\ &{}^{16}_8\mathrm{O}\,(\alpha, \gamma)\ {}^{20}_{10}\mathrm{Ne} + 4{,}75\ \mathrm{MeV} \\ &{}^{20}_{10}\mathrm{Ne}\,(\alpha, \gamma)\ {}^{24}_{12}\mathrm{Mg} + 9{,}31\ \mathrm{MeV}. \end{aligned} \tag{5.13}$$

Die Elemente mit höherer Ordnungszahl werden mit abnehmender Häufigkeit gebildet. Das ist wegen der immer stärkeren abstoßenden Coulombkräfte verständlich.

Erreicht die Temperatur Werte von $5 \cdot 10^8$ K, dann setzt das Kohlenstoffbrennen ein:

$$\begin{aligned} &{}^{12}_6\mathrm{C}\,({}^{12}_6\mathrm{C}, p)\ {}^{23}_{11}\mathrm{Na} + 2{,}2\ \mathrm{MeV} \\ &{}^{12}_6\mathrm{C}\,({}^{12}_6\mathrm{C}, \alpha)\ {}^{20}_{10}\mathrm{Ne} + 4{,}6\ \mathrm{MeV}. \end{aligned} \tag{5.14}$$

Aus allen Energieangaben erkennt man sofort, daß das *Wasserstoffbrennen die ergiebigste Energiequelle* ist. Die Zeit, die ein Stern im Riesenstadium verbringt, ist deshalb wesentlich kürzer als die Verweilzeit auf der Hauptreihe.

Auf ein mögliches „Sauerstoff- bzw. Neonbrennen", das u. a. zu ${}^{28}_{14}$Si und ${}^{32}_{16}$S führt, soll hier nicht eingegangen werden. Es soll nur noch auf einige Reaktionen hingewiesen werden, die Neutronen liefern. Neutronen brauchen keinen Potentialwall zu überwinden und können daher zur Bildung von Elementen mit höherer Ordnungszahl dienen. Hier 2 Beispiele:

$$\begin{aligned} &{}^{12}_{6}C\,(p,\gamma)\,{}^{13}_{7}N\,(e^{+}\nu)\,{}^{13}_{6}C\,(\alpha,\underline{\underline{n}})\,{}^{16}_{8}O \\ &{}^{20}_{10}Ne\,(p,\gamma)\,{}^{21}_{11}Na\,(e^{+}\nu)\,{}^{21}_{10}Ne\,(\alpha,\underline{\underline{n}})\,{}^{24}_{12}Mg. \end{aligned} \tag{5.15}$$

Für Temperaturen $T \geqslant 3 \cdot 10^9$ K ist eine andere Betrachtungsweise nötig. Die ablaufenden Reaktionen sind so zahlreich und derart miteinander verknüpft, daß nur noch statistische Methoden helfen. Es handelt sich im wesentlichen um die abbauenden Reaktionen (γ, p), (γ, α), (γ, n) – Kernphotoeffekte – und die in umgekehrter Richtung ablaufenden Reaktionen (p, γ), (α, γ), (n, γ). Bei einer bestimmten Temperatur und Dichte stellt sich ein Gleichgewicht zwischen Abbau und Aufbau ein. *Hoyle, Burbidge, Fowler* u.a. haben Rechnungen mit verschiedenen Wertepaaren für T und ρ durchgeführt. Nach Burbidge und Mitarbeitern ergibt sich für die Elemente bis zur Eisengruppe eine gute Darstellung der beobachteten Häufigkeit, wenn man $T = 3{,}78 \cdot 10^9$ K und $\rho \approx 10^5\ \mathrm{g\,cm^{-3}}$ setzt. Den Prozeß, bei dem sich zwischen den auf- und abbauenden Reaktionen ein Gleichgewicht einstellt, nennt man e-Prozeß (e $\rightarrow$ Equilibrium).

Es ist verständlich, daß durchaus noch nicht alle Fragen zur Entstehung der Elemente geklärt sind. Vor allem die Bildung der Elemente von Eisen bis Uran bietet von der theoretischen Seite wie von der Beobachtung her so viele Schwierigkeiten, daß man sich über eine größere Anzahl recht verschiedener und konkurrierender Theorien nicht wundern darf. Näheres findet man z. B. in „Der neue Kosmos“ von Unsöld, S. 359 usw. (2. Aufl. 74) oder in „Die Entstehung der Elemente“ von J. Audouze u. S. Vauclair, Deutsche Verlagsanstalt 74.

5.2.4 Endstadien der Sterne: Weiße Zwerge, Neutronensterne, Schwarze Löcher

Auf all die möglichen und viel diskutierten Vorgänge nach Ablauf der Kernreaktionen, bei denen Energie gewonnen wird, kann hier nicht ausführlich eingegangen werden. Einige Andeutungen müssen genügen.

1. Wie weit die Bildung von Elementen mit höherer Ordnungszahl bis hin zum Eisen fortschreitet, hängt von der Masse des Sterns ab und damit von seiner Fähigkeit, durch wiederholte Kontraktionen immer höhere Temperaturen im Inneren zu erzeugen. Für MOV-Sterne mit einer Masse von 0,5 $m_\odot$ hören die Kernreaktionen nach dem H-Brennen auf. In BOV-Sternen kann der Aufbau bis zum Eisen führen.

2. Wenn der Aufbau der Elemente bis zum Eisen fortgeschritten ist, kann durch Kernreaktionen keine Energie mehr gewonnen werden (siehe die Aufgabe über die Bindungsenergie pro Nukleon, S. 111). Bei etwa 10^{10} K kann nach Fowler und Hoyle eine Photodissoziation des Eisens stattfinden:

$$^{56}_{26}Fe + \gamma \rightarrow 13\ ^{4}_{2}He + 4\,n - E \tag{5.16a}$$

und im weiteren Verlauf

$$^{4}_{2}He + \gamma \rightarrow 2\,p + 2\,n - E. \tag{5.16b}$$

Die in beiden Fällen benötigte Energie wird der Gravitationsenergie entzogen. Der zentrale Bereich des Sterns stürzt zusammen. Dieser Kollaps erfolgt in weniger als 1 s! Wegen der geringeren Dichte erfolgt der Sturz der Hülle zum Zentrum hin mit zeitlicher Verzögerung. Die Vorgänge, die sich bei diesem Sturz abspielen, sind noch keineswegs geklärt. Zwei Tatsachen allerdings sind ohneweiteres verständlich:

a) Die Temperatur in der Hüllenmaterie steigt plötzlich und stark an.

b) In diesen äußeren Schichten gibt es noch Atomkerne, die bei genügend hoher Temperatur zu Energie liefernden Reaktionen fähig sind. Die Energie, die in der nachstürzenden Hülle in kürzester Zeit frei wird, kann zu einer explosionsartigen Expansion führen. Vielleicht sind auf diese Weise Vorgänge zu erklären, die beim Auftreten einer *Supernova* beobachtet werden. Supernovae sind Sterne am Ende ihrer Entwicklung, deren Helligkeit plötzlich, d.h. in wenigen Wochen bis auf das 10^8fache ansteigt. Der Kollaps des Kerns kann zu einem Neutronenstern führen.

3. Neutrinos entziehen dem Stern Energie, da sie fast alle ohne Wechselwirkung entweichen. Neben den weiter oben erwähnten Reaktionen, bei denen Neutrinos entstehen, sind bei Temperaturen oberhalb $3 \cdot 10^8$ K folgende Möglichkeiten zu beachten:

a) $e^- + e^+ \rightarrow \nu_e + \bar{\nu}_e$,

b) $e^- + \gamma \rightarrow e^- + \nu_e + \bar{\nu}_e$,

c) Kern + e^- → Kern + $e^- + \nu_e + \bar{\nu}_e$,

d) bei hohen Dichten können durch Plasmaschwingungen Neutrinopaare $\nu_e + \bar{\nu}_e$ entstehen – Plasma-Neutrinos.

Zu a) Normalerweise führt die Paarvernichtung zu γ-Quanten. Mit wachsender Temperatur nimmt die Wahrscheinlichkeit der Reaktion unter a) zu.

Zu b) Diese Reaktion ist dem Compton-Effekt zu vergleichen.

Zu c) Hier treten bei frei-frei-Übergängen Neutrinos statt der sonst üblichen Photonen auf.

Der Entzug von Neutrinos kann dazu führen, daß die Temperatur im Inneren nicht weiter steigt, u. U. sogar sinkt. Kernreaktionen, die besonders hohe Temperaturen erfordern, z. B. das Kohlenstoffbrennen, werden dadurch zunächst verhindert. Wenn das Maximum der Neutrinoproduktion überschritten ist, kann die Reaktion zwischen $^{12}_{6}C$ explosiv einsetzen. Die dabei frei werdende Energie kann den ganzen Stern auseinanderreißen. Hier sehen manche Forscher eine andere Möglichkeit, die Vorgänge beim Erscheinen einer Supernova zu erklären.

Die bei einem Supernova-Ausbruch frei werdende Energie – Strahlungsenergie und kinetische Energie der ausgeschleuderten Materie – beträgt $10^{43} \ldots 10^{44}$ J. Um diese Energie in Form von Strahlung abzugeben, braucht die Sonne $8{,}3 \cdot 10^8 \ldots 8{,}3 \cdot 10^9$ a! Wenn man nur die Strahlungsenergie einer Supernova mit derjenigen der Sonne vergleicht, erhält man je nach dem Typ der Supernova – SNII oder SNI – $8{,}3 \cdot 10^5 \ldots 8{,}3 \cdot 10^7$ a.

Weiße Zwerge. Wenn die Masse eines Sterns unter 1,44 $m_\odot$ liegt – Chandrasekhar-Grenze, 1930 – hören die Kernreaktionen praktisch nach dem H-Brennen auf. Das Innere besteht also im wesentlichen aus He. Vielleicht ist auch durch den 3-α-Prozeß ein wenig $^{12}_{6}C$ entstanden. Kernenergie wird nicht mehr produziert. Der Stern kontrahiert, bis das *Elektronengas entartet* ist.

Erläuterung: Man muß zwischen dem Volumenelement des Ortsraums $\Delta V = \Delta x \cdot \Delta y \cdot \Delta z$ und dem Volumenelement des Impulsraums $\Delta p = \Delta p_x \cdot \Delta p_y \cdot \Delta p_z$ unterscheiden. Das Produkt $\Delta V \cdot \Delta p$ ist ein Element des Phasenraums. Die Quantenmechanik sagt nun aus, daß der Phasenraum aus Elementarzellen der Größe h^3 besteht (h Plancksches Wirkungsquantum). Das Pauli-Prinzip fordert, daß in einer Zelle des Phasenraums höchstens 2 Elektronen sind. (Hier sei an die Besetzung der K-Schale eines Atoms mit höchstens 2 Elektronen erinnert).

Wenn nun ΔV kleiner wird, muß Δp größer werden, d. h., die Impulse werden größer und damit auch der Druck des Elektronengases, bis die Kontraktion aufhört. Die Zustandsgleichung hat im Bereich der nichtrelativistischen Entartung die Form $p \sim \rho^{5/3}$ (statt $p \sim \rho \cdot T$). Die Temperatur spielt in der Zustandsgleichung keine Rolle mehr. Es kann also auch keine Temperaturerhöhung erfolgen. Damit fällt die Möglichkeit fort, andere Kernenergiequellen anzuzapfen. Der Stern kühlt langsam ab. (Wegen der größeren Masse der Protonen, Neutronen und Heliumkerne entartet ein Protonen- bzw. Neutronen- oder He-Gas erst bei wesentlich höheren Dichten.)

Einige Daten über weiße Zwerge:

Durchmesser: $\approx 1/100$ So-Durchmesser $\approx$ Durchmesser der Erde,
mittlere Dichte: $\bar{\rho} \approx 10^5 - 5 \cdot 10^6 \text{ g cm}^{-3}$,
zentrale Dichte: $\rho_z \approx 1{,}5 \cdot 10^7 \text{ g cm}^{-3}$,
Masse: unter $1{,}44\ m_\odot$, im Mittel $0{,}6\ m_\odot$,
Schwerebeschleunigung: im Mittel 10^6 m s^{-2},
Entweichgeschwindigkeit: $\approx 4\,000 \text{ km s}^{-1}$.

Durch Abkühlung nimmt die Temperatur von sehr hohen Werten – die Sterne erscheinen blau-weiß, daher der Name „Weiße Zwerge“ – langsam ab. Wenn die Temperatur unter etwa 3 000 K gesunken ist – der weiße Zwerg ist jetzt rot! – ist die Helligkeit so gering geworden, daß eine Entdeckung nicht mehr möglich ist.

Man schätzt, daß etwa 6 ... 10 % aller Sterne in der So-Umgebung weiße Zwerge sind.

Bemerkung: Auch Sterne mit $m > 1{,}44\ m_\odot$ können zu weißen Zwergen werden. Sie müssen aber im Laufe ihrer Entwicklung genügend Masse abstoßen. Die Prozesse, die zu einem ausreichenden Massenverlust führen, sind noch nicht vollkommen geklärt. Im Inneren von weißen Zwergen, die aus Sternen mit $m > 1{,}44\ m_\odot$ entstanden sind, können natürlich auch höhere Elemente als He (und $^{12}_{6}C$) vorhanden sein.

Neutronensterne. Wenn die Masse eines Sterns die Chandrasekhar-Grenze übersteigt, kann die Dichte im Inneren des Sterns zu Werten $> 10^{10} \text{ g cm}^{-3}$ anwachsen. Dann spielt sich in steigendem Maße die Reaktion $p + e^- \rightarrow n + \nu$ ab. Das Verschwinden der Elektronen bewirkt eine Druckverminderung. Der Stern stürzt soweit zusammen, bis er im wesentlichen aus Neutronen besteht. Dieser Kollaps ist mit einem Ausstoß erheblicher Massen in den interstellaren Raum verbunden. Ist die ursprüngliche Masse des Sterns nicht größer als etwa

2 ... 3 $m_\odot$ – diese Grenze kann noch nicht sehr scharf angegeben werden –, kommt es zu einem Gleichgewichtszustand. *Der Radius eines Neutronensterns liegt in der Größenordnung von 10 ... 15 km.*

Aufgaben:

1. Wie groß ist die Dichte eines Neutronensterns, wenn sein Radius a) 10 km, b) 15 km beträgt? Die Masse sei 1 $m_\odot$.
2. Wie groß ist die Schwerebeschleunigung an der Oberfläche eines Neutronenstern mit der Masse 1 $m_\odot$ und dem Radius 15 km?
3. Bei welcher Rotationsfrequenz tritt a) bei einem weißen Zwerg ($m = 0{,}6\ m_\odot$, $R = 6 \cdot 10^3$ km) b) bei einem Neutronenstern ($m = 1\ m_\odot$, $R = 15$ km) Instabilität ein?

Landau, Zwicky, Oppenheimer und *Volkoff* haben schon in der Zeit zwischen 1932 und 1939 die Möglichkeit von Neutronensternen diskutiert. Ihre Existenz ist heute gesichert. *Die 1967 entdeckten Pulsare sind sehr rasch rotierende Neutronensterne.* Die bisher bekannten Rotationsperioden liegen zwischen 0,033 s und 3,7 s. Der bekannteste Pulsar steht im Krebsnebel im Stier. Er ist der kollabierte Überrest eines Sterns, der 1054 als Supernova erschien.

Schwarze Löcher. Sterne, die das letzte Stadium ihrer Entwicklung mit einer Masse unter 2 $m_\odot$ erreichen, enden in einem Gleichgewichtszustand. Sie werden zu weißen Zwergen oder Neutronensternen. Sie besitzen im wesentlichen nur noch thermische und Rotationsenergie. Gelingt es einem massereichen Stern nicht, vor Beginn der letzten Phase seiner Entwicklung genügend Masse abzuwerfen, dann kommt es zu einer unaufhaltsamen Kontraktion. Die Schwerebeschleunigung wächst mit kleiner werdendem Radius ($g \sim 1/R^2$). Schließlich wird sie so groß, daß selbst Lichtquanten den Stern nicht mehr verlassen können.

Den Lichtquanten mit der Energie $h\nu_0$ kann wegen der Äquivalenz zwischen Energie und Masse eine Masse m_{Ph} zugeschrieben werden:

$$h\nu_0 = m_{Ph} c^2 \rightarrow m_{Ph} = \frac{h\nu_0}{c^2}.$$

Mit dieser Beziehung läßt sich die Rotverschiebung – Energieverlust! – im Gravitationsfeld näherungsweise leicht berechnen. Verläßt ein Photon einen Stern mit der Masse m und dem Radius R, verliert es insgesamt die Energie

$$E = G \cdot \frac{h\nu_0}{c^2} \cdot \frac{m}{R} \tag{5.17}$$

(siehe S. 46 u. 47). Dann gilt, wenn ν_0 die ursprüngliche, ν die nach dem Verlassen des Gravitationsfeldes beobachtete Frequenz ist

$$h\nu_0 - h\nu = G \cdot \frac{h\nu_0}{c^2} \cdot \frac{m}{R}. \tag{5.18}$$

Mit $\nu_0 = \frac{c}{\lambda_0}$ und $\nu = \frac{c}{\lambda}$ erhält man

$$\frac{\lambda - \lambda_0}{\lambda} = \frac{G}{c^2} \cdot \frac{m}{R} \quad \text{bzw.} \quad \frac{\Delta\lambda}{\lambda} = \frac{G}{c^2} \cdot \frac{m}{R}. \tag{5.19}$$

Bei dieser Ableitung sind weder die Gesetze der allgemeinen Relativitätstheorie berücksichtigt noch die Tatsache, daß die dem Photon zugeordnete Masse sich bei der Bewegung im Gravitationsfeld ändert. Die exakte Rechnung liefert

$$\frac{\Delta\lambda}{\lambda_0} = \frac{1}{\sqrt{1 - \frac{2G}{c^2} \cdot \frac{m}{R}}} - 1. \tag{5.20}$$

Aufgaben:

4. Zeigen Sie, daß die Beziehung (5.20) für $\frac{2G}{c^2} \cdot \frac{m}{R} \ll 1$ in Gl. (5.19) übergeht.
5. Berechnen Sie für einen weißen Zwerg die beobachtete Wellenlänge der H_γ-Linie. $\lambda_0 = 434$ nm, $m = 0{,}6\ m_\odot$, $R = 6 \cdot 10^3$ km.
6. Führen Sie die gleiche Rechnung wie in der vorhergehenden Aufgabe für einen Neutronenstern durch, einmal mit der Näherungsformel, dann mit der exakten Beziehung. $m = 1\ m_\odot$, $R = 15$ km.

Wird durch Schrumpfung des Sterns bei konstanter Masse $\frac{2G}{c^2} \cdot \frac{m}{R} = 1$, so wird nach Gl. (5.20) die Rotverschiebung unendlich groß. Strahlung kann den Stern dann nicht mehr verlassen. Ein solches Objekt nennt man „Schwarzes Loch". Den kritischen Radius

$$R_S = \frac{2Gm}{c^2} \tag{5.21}$$

nennt man *Schwarzschild-Radius* (nach *Karl Schwarzschild* 1873–1916). Da im Bereich eines schwarzen Loches die euklidische Geometrie nicht mehr gilt, gibt $2\pi R_S$ zwar den Umfang des schwarzen Loches an, R_S aber nicht den kürzesten Weg von einem Punkt dieses Umfangs zum Zentrum. Um sich diesen Unterschied zur euklidischen Geometrie klar zu machen, denke man z. B. an einen Kreis auf einer Kugel, dessen Mittelpunkt ebenfalls auf der Kugeloberfläche liegt. R_S ist auch nicht ein Maß für die Ausdehnung des kollabierten Körpers. Die Materie stürzt unaufhaltsam ins Zentrum des schwarzen Loches. Durch R_S wird die Größe des sogenannten *„Ereignishorizonts"* bestimmt. Aus Bereichen innerhalb des Ereignishorizonts können keine Informationen die Außenwelt erreichen.

Die Sonne kann sich nicht so stark kontrahieren, daß sie zu einem schwarzen Loch würde. Der Schwarzschild-Radius der Sonne – ein rein rechnerischer Wert – kann zur einfachen Berechnung des Schwarzschild-Radius eines Sterns dienen. Es gilt

$$R_{S\odot} \approx 3\ \text{km}; \qquad R_S \approx 3 \cdot \frac{m_*}{m_\odot}\ \text{km}. \tag{5.22}$$

Für die Erde erhält man $R_{SE} \approx 9$ mm! Dieser rein theoretische Wert kann die unvorstellbare Dichte in einem solchen Objekt veranschaulichen.

Schon *Laplace* hat überlegt, unter welchen Bedingungen Licht einen Stern nicht mehr verlassen könnte. Er ging von der Entweichgeschwindigkeit aus. Aus $v_e = \sqrt{\frac{2Gm}{R}}$ folgt mit $v_e = c : R_S = \frac{2Gm}{c^2}$. *„Ein Stern von der gleichen Dichte wie die Erde und einem Durchmesser, der 250 mal so groß ist wie der unserer Sonne, würde es infolge der Gravitation* *jeder Strahlung unmöglich machen, uns zu erreichen. Es ist deshalb nicht ausgeschlossen, daß die größten Körper im Weltall aus diesem Grunde unsichtbar sind.*(*Pierre Simon Laplace*, 1798)."

Die Astronomen sehen heute im wesentlichen nur eine Möglichkeit, die Existenz von schwarzen Löchern nachzuweisen: Wenn ein schwarzes Loch die Komponente eines engen Doppelsterns ist, kann Materie des normalen Partners in größerem Maße zum schwarzen Loch hinströmen und schließlich in dieses hineinstürzen (Bild 5.2). Um das schwarze Loch bildet sich eine Scheibe, in der das Gas innen schneller rotiert als außen. Durch Reibung entsteht thermische Energie. Die inneren Bereiche der Scheibe erreichen dabei Temperaturen von einigen 10^6 K. Die ausgesandte Strahlung liegt im Bereich der Röntgenstrahlung.

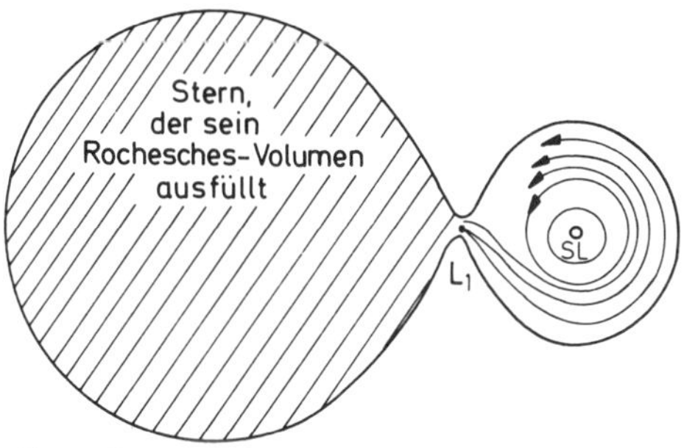

Bild 5.2

L_1: Erster Lagrange Punkt
SL: Schwarzes Loch

Man wird also nach Röntgenquellen suchen, die einem Doppelstern angehören. Die Entscheidung, ob ein Doppelstern vorliegt, wird durch den Dopplereffekt ermöglicht. Die Linien im Spektrum der sichtbaren Komponente müssen periodische Verschiebungen aufweisen. Schließlich ist es noch nötig, die Masse des unsichtbaren Begleiters zu ermitteln. Nur wenn diese größer als etwa 3 Sonnenmassen ist, ist der Verdacht auf ein schwarzes Loch gerechtfertigt.

Bisher ist nur eine Röntgenquelle bekannt, die mit einiger Sicherheit allen Forderungen genügt. Sie liegt im Sternbild des Schwans und trägt die Bezeichnung Cyg X-1.

Dem Engländer *Stephen Hawking* ist 1974 eine Verknüpfung der allgemeinen Relativitätstheorie mit der Quantentheorie geglückt, die zu der aufsehenerregenden Folgerung führt, daß schwarze Löcher strahlen müssen.[1] Schon vorher hatte man erkannt, daß die Größe des Ereignishorizontes ein Verhalten zeigt, wie es bezüglich der Entropie bekannt ist. Der Ereignishorizont kann bei Einsturz von Materie in ein schwarzes Loch oder bei der Verschmelzung schwarzer Löcher nur zunehmen. Hinzu kommen weitere Parallelen zum zweiten Hauptsatz. Hawkings Überlegungen und Rechnungen zeigen nun unmißverständlich, daß hier nicht nur eine formale Ähnlichkeit besteht, sondern daß jedes schwarze Loch eine Entropie besitzt und damit auch eine von Null verschiedene absolute Temperatur.

[1]) Stephen Hawking, „Black hole explosions", Nature, März 1974.

Für diese ergibt sich

$$T = \frac{\hbar \cdot c^3}{8 \pi G k m} \tag{5.23}$$

Für ein schwarzes Loch mit Sonnenmasse erhält man $T \approx 10^{-7}$ K, für andere Massen gilt

$$T \approx 10^{-7} \cdot \frac{m_\odot}{m} \text{ K.} \tag{5.23a}$$

Für normale schwarze Löcher, d.h. solche, deren Masse einige Male größer ist als die Masse der Sonne, ist die Temperatur und damit die Wechselwirkung mit der Umgebung unmerklich klein. Entsprechend groß ist ihre Lebensdauer. Die Rechnung ergibt

$$t_L \approx 10^{66} \cdot \left(\frac{m}{m_\odot}\right)^3 \text{ Jahre.} \tag{5.24}$$

Das Maximum der Ausstrahlung liegt bei

$$\lambda \approx 3 \cdot 10^4 \cdot \frac{m}{m_\odot} \text{ Meter.}$$

Außer Photonen werden auch Elektronen, Positronen, Neutrinos und Gravitonen ausgesandt.

Hawking u. a. halten es für möglich, daß sich unter den besonderen Verhältnissen, die im Anfangsstadium unserer Welt herrschten, zahlreiche schwarze Mini-Löcher gebildet haben können.

Aufgabe:

7. Berechnen Sie für ein schwarzes Mini-Loch mit der Masse 10^{12} kg
   a) den Schwarzschildradius,
   b) die absolute Temperatur,
   c) die Lebensdauer t_L und
   d) die Wellenlänge für das Maximum der Ausstrahlung.

Minilöcher von etwa $5 \cdot 10^{11}$ kg müßten sich heute gerade auflösen, wenn man das Alter der Welt mit $2 \cdot 10^{10}$ Jahren ansetzt. Durch Strahlung verlieren die schwarzen Löcher an Masse. Da mit abnehmender Masse die Temperatur steigt und die noch verbleibende Lebenszeit rapide kleiner wird, ist das Ende eines schwarzen Loches eine heftige Explosion. Der Betrag der dabei freigesetzten Energie – hauptsächlich in Form von γ-Strahlung – hängt von dem Bau der Elementarteilchen (etwa aus Quarks) ab. Damit könnte ein weiterer enger Zusammenhang zwischen Kosmologie und Elementarteilchenphysik gefunden sein.

Die Wirkungen eines schwarzen Loches auf die Außenwelt sind durch nur drei Parameter bestimmt: Masse, Drehmoment und elektrische Ladung. All die unzähligen Eigenschaften eines Körpers, der zum schwarzen Loch wird, wie z. B. Gestalt, Zahl und Art der Atome und Moleküle, aus denen er besteht, Dichte- Temperatur- und Druckverteilung in seinem Inneren, magnetisches Feld usw. gehen für den Beobachter, der ja außerhalb des Ereignishorizontes bleiben muß, wenn er seine Existenz bewahren will, verloren. Diese Aussage wird das „No Hair Theorem“ genannt: Ein schwarzes Loch hat keine Haare. Die Physiker kommen durch das No Hair Theorem in einige Verlegenheit, u. a. dadurch, weil der vielfach bewährte Satz von der Erhaltung der Baryonenzahl verletzt wird.

Es gibt noch viele weitere interessante Ergebnisse und ungelöste Probleme in diesem Bereich der Forschung. Doch zeigen schon die wenigen Bemerkungen über die Endstadien von Sternen, insbesondere über schwarze Löcher, wie fesselnd das hier angeschnittene Grenzgebiet der Astrophysik ist. Man kann mit größter Spannung die weitere Entwicklung erwarten.

Anhang

A.1 Erläuterung einiger Begriffe

Albedo: Die Albedo (albus = weiß) ist ein Maß für das Rückstrahlvermögen nichtspiegelnder Flächen.

Aphel, Apogäum, Apastron: siehe Apsiden

Apsiden, Apsidenlinie: Bei der Bewegung eines Himmelskörpers um einen anderen ist die Entfernung zwischen beiden Körpern in einem Punkt am kleinsten, in einem anderen am größten. Diese beiden Punkte nennt man Apsiden, ihre Verbindungslinie die Apsidenlinie. Bezüglich der Sonne heißen die Apsiden Perihel (Sonnennahpunkt) und Aphel (Sonnenfernpunkt), bezüglich der Erde Perigäum (Erdnähe) und Apogäum (Erdferne), bezüglich eines Doppelsterns Periastron und Apastron.

Astronomische Einheit, AE: Die astronomische Einheit ist *angenähert* gleich der halben großen Achse der Erdbahn um die Sonne. Nach internationaler Vereinbarung gilt 1 AE = $149{,}6 \cdot 10^9$ m. (Näheres siehe z. B. in „Sterne und Weltraum", Jahrg. 11, Nr. 11, Nov. 1972, S. 298 „Die Astronomische Einheit" von F. Gondolatsch.)

Frühlingspunkt (*Herbstpunkt*): Die Erdbahn und der Himmelsäquator – d.i. die Projektion des Erdäquators vom Mittelpunkt der Erde aus auf die Himmelskugel – schneiden sich in einer Geraden. Durch diese Gerade sind zwei Richtungen im Weltall bestimmt. Die Richtung, in der von der Erde aus am Frühlingsanfang der Mittelpunkt der Sonne steht, ist die Richtung zum Frühlingspunkt. Die entgegengesetzte führt zum Herbstpunkt. Der Frühlingspunkt bewegt sich entgegen der scheinbaren jährlichen Bewegung der Sonne, d.h. → rückläufig. Für einen vollen Umlauf braucht er etwa 25 700 Jahre.

galaktische Koordinaten: Um die Verteilung und Bewegung der Sterne zu beschreiben, benutzt man mit Vorteil das galaktische Koordinatensystem. Seine Grundebene und damit auch seine Pole werden durch eine Mittelebene des Milchstraßenbandes am Sternenhimmel festgelegt. Die genaue Festlegung der Grundebene und der Pole in bezug auf das äquatoriale Koordinatensystem erfolgt durch stellarstatistische und radioastronomische Untersuchungen. Die beiden Koordinaten werden galaktische Länge l und galaktische Breite b genannt. Bis 1959 wurde die galaktische Länge von einem Schnittpunkt des Himmelsäquators mit der galaktischen Ebene gezählt. Heute zählt man von der Richtung zum galaktischen Zentrum aus.

Galaxis: Galaxis war zunächst die Bezeichnung für unser Milchstraßensystem, für das Sternsystem also, dem unsere Sonne angehört. Die Bezeichnung wird heute auch für andere Sternsysteme gebraucht. Die Mehrzahl lautet Galaxien. Im deutschen Sprachgebrauch gibt es keine einheitliche Bezeichnung für die verschiedenartigen Sternsysteme. Es gibt Spiralsysteme, elliptische Systeme und irreguläre Systeme mit allen möglichen Übergängen und Sonderformen. Das oft gebrauchte Wort „Spiralnebel" sollte man vermeiden.

interstellar: Das Wort dient zur Bezeichnung all dessen, was sich zwischen den Sternen befindet: der interstellare Raum, die interstellare Materie, interstellare Magnetfelder usw.

Jahr: Das Jahr ist die Zeit für einen Umlauf der Erde um die Sonne. Diese Definition muß präzisiert werden. Es muß angegeben werden, welcher Punkt der Bahn als Bezugspunkt dient. Man kennt

1. das *tropische Jahr*: Die Erde wandert vom Frühlingspunkt zum Frühlingspunkt: 365 d 5 h 48 min 46 s,
2. das *siderische Jahr*: Umlauf der Erde von einem Fixstern zum gleichen Fixstern: 365 d 6 h 9 min 10 s,
3. das *anomalistische Jahr*: Bewegung der Erde vom Perihel zum Perihel: 365 d 6 h 13 min 53 s,
4. das *Gregorianische Jahr,* seit der Kalenderreform 1582:

   $$365\ \text{d}\ \ 5\ \text{h}\ \ 49\ \text{min}\ \ 12\ \text{s} = 365\ \text{d} + \left(\frac{1}{4}\right)\text{d} - \left(\frac{3}{400}\right)\text{d}\ \text{(Schalttage!)}.$$

   Das gregorianische Jahr hängt aufs engste mit dem tropischen Jahr zusammen.
5. das *Julianische Jahr* (nach Julius Caesar, 46 v. Chr.): $365\ \text{d}\ \ 6\ \text{h} = 365\ \text{d} + \left(\frac{1}{4}\right)\text{d}$

Kometenbezeichnung: Ein Komet bekommt meist den Namen seines Entdeckers oder seiner Entdecker, früher auch gelegentlich den Namen des Bahnberechners (z. B. Komet Encke). Abgesehen von diesem Namen wählt man zunächst eine vorläufige Bezeichnung nach der Reihenfolge der Entdeckungen in einem Jahr: 1975a, 1975b, usw. Wenn die Bahn berechnet ist, ordnet man die Reihenfolge nach der Zeit des Periheldurchgangs: 1975 I, 1975 II usw. Dabei kann es zu Verschiebungen gegenüber der ersten Bezeichnung kommen. So gibt es für den Halleyschen Kometen die Bezeichnungen 1909c und 1910 II.

Korona: Die Korona, der Kranz um die Sonne, besteht aus hochverdünntem Gas, hauptsächlich aus Elektronen und Protonen. Der Druck in der inneren Korona über der Chromosphäre beträgt nur etwa 10^{-11} atm. Die Temperatur wurde durch verschiedene Verfahren zu einer bis zu mehreren Millionen Kelvin bestimmt. Die Aufheizung erfolgt im wesentlichen durch Schallwellen, die nach Durchlaufen der Photosphäre und der Chromosphäre in Schockwellen übergehen. Man unterscheidet drei Teile der Korona.

1. K-Korona: K von Kontinuum. Das Licht der Sonne wird an schnell bewegten Elektronen (etwa 8 000 km s^{-1}) gestreut. Durch den Dopplereffekt werden die Fraunhoferlinien so „verschmiert", daß sie im Spektrum nicht mehr zu erkennen sind.
2. F-Korona: F von Fraunhofer. Das Licht der Sonne wird an Teilchen des interplanetaren Staubes reflektiert. Eine Verschmierung der Fraunhoferlinien findet wegen der geringen Geschwindigkeit der reflektierenden Teilchen nicht statt. Man beobachtet das normale Sonnenspektrum.

3. L-Korona: L von Linienemission. Es handelt sich um Emissionslinien in der Eigenstrahlung der Korona. Die Linien stammen größten Teils von hochionisierten Atomen, so die grüne Koronalinie mit $\lambda = 530{,}3$ nm vom 13-fach ionisiertem Eisen. Als diese Linien noch nicht identifiziert waren, schrieb man sie eine Zeitlang einem noch unbekannten Element „Coronium“ zu.

Lunation: Zeit von einer Mondphase bis zur nächsten gleichen Phase, etwa von Vollmond bis zum nächsten Vollmond. Gemeint ist nicht nur die Zeit, sondern auch der Ablauf aller Mondphasen.

Monat: Man muß verschiedene Monate unterscheiden.

1. der *synodische Monat*: Zeit zwischen zwei aufeinanderfolgenden gleichen Mondphasen, etwa Vollmond bis Vollmond;
2. der *siderische Monat*: Zeit, die der Mond braucht, um bei seiner Bewegung am Fixsternhimmel von einem Fixstern ausgehend zu dem gleichen Fixstern zurückzukehren. Er hat dann einen vollen Kreis um die Erde beschrieben;
3. der *tropische Monat:* Zeit zwischen zwei aufeinanderfolgenden Durchgängen des Mondes durch den Stundenkreis des Frühlingspunkts. Da der Frühlingspunkt sich dem Monde entgegen bewegt, ist der tropische Monat kürzer als der siderische Monat (siehe Seite 7).

Neutronenstern: Ein Neutronenstern ist ein mögliches Endstadium in der Sternentwicklung. Gelingt es einem Stern nicht, genügend Masse abzustoßen, dann erreicht er nach Beendigung der Kernreaktionen durch Kontraktion eine Dichte, die die von weißen Zwergen (siehe Tab. 1.17 und Seite 121) immer mehr übertrifft. Wird $\rho > 10^9$ g cm^{-3}, dann besitzen die Elektronen eine so große Energie – Fermi-Energie, Pauliprinzip –, daß die nun häufige Reaktion $p^+ + e^- \rightarrow n + \nu$ zu Kernen mit einem großen Überschuß an Neutronen führt. Diese Kerne stoßen mehr und mehr Neutronen ab. Bei weiter wachsender Dichte bildet sich ein entartetes Neutronengas, das zum Gleichgewichtszustand führen kann. Neutronensterne werden als Überreste von → Supernova-Explosionen angesehen.

Nova, Novae: Es handelt sich nicht um neue Sterne, sondern um den plötzlichen Helligkeitsanstieg alter Sterne, d. h. von Sternen am Ende ihrer Entwicklung. Die Energieausstrahlung steigt in kurzer Zeit – in Stunden bis Monaten – auf das 10^3- bis 10^6-fache. Die hierbei ausgeworfene Masse liegt zwischen 10^{-5} bis 10^{-3} Sonnenmassen. Die Expansionsgeschwindigkeit übersteigt meist 50 km s^{-1} und kann 3 500 km s^{-1} erreichen. Die Energieabgabe während eines Ausbruchs entspricht der Energie, die die Sonne in einigen 1 000 Jahren ausstrahlt. Die Ursache eines Nova-Ausbruches ist noch nicht geklärt.

Parsec, Abkürzung pc: Ein Parsec ist die im Bereich der Fixsterne benutzte Einheit der Entfernung. Aus dem Abstand 1 pc erscheint die halbe große Achse der Erdbahn unter dem Winkel 1″ (Definition). Es gilt

$$1 \text{ pc} = 206\,264{,}8 \text{ AE} = 3{,}085\,6 \cdot 10^{13} \text{ km}.$$

$$1 \text{ kpc} = 10^3 \text{ pc}, \quad 1 \text{ Mpc} = 10^6 \text{ pc}.$$

Früher benutzte man auch als Einleit ein Lichtjahr: 1 pc = 3,261 5 LJ.

Perihel, Perigäum, Periastron: Siehe Apsiden

Protostern: Unter einem Protostern versteht man eine genügend verdichtete Wolke aus interstellarer Materie – Gas und Staub –, aus der sich durch Kontraktion ein *einzelner* Stern bildet. Ein Protostern ist noch nicht im hydrostatischen Gleichgewicht.

Protosonne: Protosonne ist die zentrale Verdichtung der Gas- und Staubwolke, aus der sich das Sonnensystem gebildet hat.

Quasare: Quasare (Quasi stellar radio sources) gehören zu den Quasistellaren Objekten. Die eigentlichen Quasare sind starke Radioquellen, die optisch im allgemeinen sternförmig erscheinen. Ihre Spektren zeigen ein nicht-thermisches Kontinuum mit eingebetteten kräftigen und breiten Emissionslinien.

Einige Jahre nach Entdeckung der Quasare wurden sternförmige Objekte gefunden, die im optischen Bereich die gleichen Eigenschaften aufweisen, die aber keine Radiostrahlung aussenden. Man spricht heute allgemein von „Quasistellaren Objekten" (QSO). 1963 waren 9, 1971 schon einige hundert bekannt.

Die Rotverschiebung in den Spektren der QSOs ist z. T. außerordentlich groß. Man hat schon Werte über 2 und 3 gemessen. Bei $z = \frac{\Delta\lambda}{\lambda_0} = 3$ liegt die Lyman-Alpha-Linie mit $\lambda_0 = 121{,}5$ nm bei $\lambda = 486$ nm, also im Sichtbaren! Noch stehen zwei Deutungen dieser Erscheinungen nebeneinander.

1. Die kosmologische Deutung nimmt sehr große Entfernungen bis zu Milliarden oder einigen Milliarden pc an und damit eine enorme Leuchtkraft, die die Leuchtkraft eines großen Sternsystems um das Vielfache übertrifft.
2. Die lokale Deutung nimmt an, daß es sich um relativ nahe Objekte handelt, die bei Explosionen aus dem Kern unserer Galaxis oder aus benachbarten Sternsystemen herausgeschleudert worden sind.

rechtläufig, rückläufig (retrograd): Man muß zwischen der wahren Bewegung der Körper im Sonnensystem und ihrer scheinbaren Bewegung an der Sphäre unterscheiden.

Im ersten Fall spricht man von rechtläufig, wenn die Bewegung von einem Punkt nördlich der Ekliptik aus gesehen entgegen dem Uhrzeigersinn erfolgt. Die Bewegung im Uhrzeigersinn nennt man rückläufig oder retrograd. Die scheinbare Bewegung eines Mitglieds des Sonnensystems an der Sphäre zwischen den Fixsternen nennt man rechtläufig, wenn sie von West nach Ost erfolgt. Im anderen Fall heißt sie rückläufig. Die Schleifen der Planetenbahnen kommen z. B. durch den Wechsel von rechtläufigen und rückläufigen Bewegungen zu stande.

Sonnenwind: Von der Sonne geht dauernd und nach allen Seiten ein Teilchenstrom aus. Es handelt sich vor allem um Elektronen und Protonen. Die Geschwindigkeit der Partikel beträgt einige 100 km s^{-1}. Eine typische Geschwindigkeit ist 400 km s^{-1}. Neben dem ständigen Wind kommen immer wieder Boen vor. Wolken oder gerichtete Ströme von Teilchen können die Sonne verlassen und gelegentlich die Erde treffen. Die Folge sind Polarlichter, Funkstörungen usw. Der mittlere Teilchenfluß in Erdnähe beträgt etwa 10^8 Teilchen je cm^2 und Sekunde. Die Sonne verliert durch den Sonnenwind schätzungsweise $12 \cdot 10^6$ Tonnen je Sekunde. Als Ursache des Sonnenwinds wird eine durch Aufheizung bewirkte Expansion der → Sonnen*korona* angesehen.

Sterne, Bezeichnung von Sternen: Viele der mit bloßem Auge sichtbaren Sterne werden mit griechischen Buchstaben und dem Namen des Sternbilds, in dem sie stehen, bezeichnet. Die helleren Sterne besitzen Eigennamen, sehr oft arabischen Ursprungs. Beispiele: Polarstern = α Ursae Minoris (α UMi), Sirius = α Canis Majoris (α CMa), Wega = α Lyrae (α Lyr), Arcturus = α Bootis (α Boot), Castor und Pollux = α und β Gemini (α und β Gem). Für schwächere Sterne in einem Sternbild benutzt man kleine lateinische Buchstaben oder Zahlen zusammen mit dem Namen des Sternbildes. Sterne, die mit bloßem Auge nicht sichtbar sind, sind durch Nummern in einem Sternkatalog oder nur durch ihre Koordinaten bezeichnet. Bekannte Kataloge sind die Bonner Durchmuster (BD) und der Henry Draper Katalog (HD). In diesen sind natürlich auch die helleren Sterne enthalten. Ein Beispiel für die verschiedenen Möglichkeiten der Bezeichnung:

Beteigeuze = α Orionis (α Ori) = BD + 7°1055 = HD 39 801

Sternhaufen: Es handelt sich um eine Gruppe von Sternen, die sich in gleicher Richtung bewegen. Alle Mitglieder haben einen gemeinsamen Ursprung, sind also gleich alt und besitzen die gleiche chemische Zusammensetzung.

Offene Sternhaufen bestehen aus einigen 10 bis einigen 100 Sternen. Die meisten dieser Sternhaufen sind relativ jung und zeigen eine starke Konzentration zur galaktischen Ebene. Beispiel: Plejaden = Siebengestirn.

Kugelsternhaufen sind kugelförmige Gebilde mit hunderttausenden oder auch einigen Millionen Mitgliedern. In ihren zentralen Bereichen stehen die Sterne so dicht, daß eine Auflösung in einzelne Sterne nicht möglich ist. Die Kugelsternhaufen sind in einem fast kugelförmigen Raum um das galaktische Zentrum verteilt. Sie gehören zu den ältesten Gebilden im Weltall.

Bewegungssternhaufen treten meist nicht als dichtere Ansammlung von Sternen am Himmel in Erscheinung. Die zugehörigen Sterne können über den ganzen Himmel verteilt sein. Das einzige Kriterium für die Mitgliedschaft ist die Übereinstimmung der Bewegung nach Größe und Richtung. Unsere Sonne steht mitten in dem Ursa-Major-Haufen, ohne ihm anzugehören.

Assoziationen: Hier handelt es sich um eine örtliche Ansammlung von Sternen des gleichen Typs. Zwischen den Sternen, die zur Assoziation gehören, existieren andere Sterne, nicht nur scheinbar an der Sphäre, sondern im gleichen Raumbereich. Man kennt O-Assoziationen (bestehend aus Sternen vom Spektraltyp O bis B_2) und T-Assoziationen (bestehend aus T-Tauri-Sternen – nach dem Prototyp T-Tauri). Die Mitgliederzahlen der bekannten Assoziationen liegen zwischen 15 und 1 000.

Supernova, Supernovae: Bei einer Supernovaerscheinung wächst die Helligkeit eines Sterns in wenigen Wochen außerordentlich stark an. Sie kann auf mehr als das 100 Millionen fache des anfänglichen Wertes steigen. Die gesamte Energie, die bei einem Supernovaausbruch frei wird, ist mit derjenigen vergleichbar, die unsere Sonne in 10 ... 100 Millionen Jahren abstrahlt. 10 % und mehr, in einigen Fällen vielleicht sogar 100 % der Masse des explodierenden Sterns werden mit Geschwindigkeiten von einigen 1 000 $km\,s^{-1}$ ausgeschleudert. Der bekannteste Überrest einer Supernovae ist der Krebsnebel im Stier mit einem eingebetteten, schnell rotierenden Neutronenstern, einem Pulsar. Beobachtet wurde diese Supernova im Jahre 1054.

Tag: *Ein Sonnentag* ist die Zeit zwischen zwei aufeinander folgenden unteren Kulminationen der Sonne, genauer des Sonnenmittelpunktes. Dauer: 86 400 s.

Ein Sterntag ist die Zeit von einem Durchgang des Frühlingspunkts durch den Meridian – obere Kulmination – bis zum nächsten. Dauer: 86 164 s.

A.2 Die wichtigsten Gesetzmäßigkeiten und Besonderheiten des Planetensystems Die wichtigsten Zustandsgrößen der Sterne

In den Tabellen werden nur die wichtigsten Größen angegeben. Größen, die sich aus den aufgeführten Werten berechnen lassen, wie mittlere Dichte, Schwerebeschleunigung, Entweichgeschwindigkeit sind in der Zusammenstellung nicht enthalten. Sie sind an geeigneter Stelle in diesem Buch behandelt.

A.2.1 Sonne:

1. Die Sonne vereinigt in sich den größten Teil der Masse des gesamten Planetensystems. Planeten, Monde und Planetoiden besitzen zusammen nur etwa $\frac{1}{743}$ der Sonnenmasse. Die Sonne enthält also etwas mehr als 99,86 % der gesamten Masse.
2. Die Sonne rotiert im gleichen Sinn, in dem die Planeten sich um sie bewegen.
3. Der Sonnenäquator ist um 7° 15′ gegen die Ekliptik geneigt.
4. Der Drehimpuls der Sonne beträgt $1{,}7 \cdot 10^{41}$ kg m² s⁻¹.

   Der Bahndrehimpuls des Jupiter allein beträgt $1{,}94 \cdot 10^{43}\ \mathrm{kg\,m^2\,s^{-1}}$, der aller Planeten zusammen $3{,}15 \cdot 10^{43}\ \mathrm{kg\,m^2\,s^{-1}}$.

Tabelle A.1: Sonne

Mittlerer Abstand von der Erde	$1{,}496 \cdot 10^{11}$ m = 1 AE
Halbmesser	$6{,}96 \cdot 10^{8}$ m
Masse	$1{,}989 \cdot 10^{30}$ kg
Mittlere Dichte	$1{,}409\ \mathrm{g\,cm^{-3}}$
Solarkonstante	$1{,}36 \cdot 10^{3}\ \mathrm{W\,m^{-2}}$
Leuchtkraft	$3{,}82 \cdot 10^{26}$ W
Siderische Rotationsdauer in 16° heliographischer Breite	25,380 d
Drehimpuls	$1{,}7 \cdot 10^{41}\ \mathrm{kg\,m^2\,s^{-1}}$
Rotationsenergie	$2{,}5 \cdot 10^{35}$ J

A.2.2 Planeten

1. Die Planeten beschreiben fast kreisförmige Bahnen.
2. Von Merkur und Pluto abgesehen haben alle Bahnen nur eine geringe Neigung gegeneinander oder gegen die Ekliptik.
3. Der Umlauf aller Planeten um die Sonne erfolgt von Norden aus gesehen entgegen dem Uhrzeigersinn (rechtläufig).

4. Bei 6 der 9 Planeten erfolgt die Rotation im gleichen Sinn wie der Umlauf um die Sonne. Die Ausnahmen sind Venus und Uranus. Der Rotationssinn von Pluto ist noch unbekannt.
5. Die Rotationsachsen stehen nicht senkrecht auf der Umlaufebene.
6. Die Planetoiden besitzen z. T. größere Exzentrizitäten und Neigungen gegen die Ekliptik als die Planeten.

Man muß wenigstens zwei Gruppen von Planeten unterscheiden.

a) die Erde und die erdähnlichen Planeten Merkur, Venus und Mars: Ihre Durchmesser liegen alle in der gleichen Größenordnung. Ihre mittleren Dichten liegen etwa zwischen 4 und 5,5 $g\,cm^{-3}$. Sie besitzen wenige oder gar keine Monde. Ihre Atmosphären bestehen – sofern vorhanden – aus schweren Gasen (CO_2, N_2, O_2).
b) Jupiter und die jupiterähnlichen Planeten Saturn, Uranus und Neptun: Ihre Durchmesser sind um eine Zehnerpotenz größer als die der erdähnlichen Planeten. Ihre mittleren Dichten sind gering. Sie liegen zwischen 0,7 und 2,3 $g\,cm^{-3}$. Sie besitzen alle Monde. Die Anzahl der bekannten Monde liegt zwischen 2 und 14.

Detaillierte Untersuchungen und vor allem Überlegungen zur Chemie und zur Entstehung des Planetensystems führen dazu, Uranus und Neptun gesondert zu betrachten. Uranus soll zu 15 %, Neptun zu 25 % aus H und He bestehen. Beide Planeten sollen erhebliche Mengen an H_2O, NH_3 und CH_4 enthalten, zu einem großen Teil in Form von Eis.

Demgegenüber bestehen Jupiter und Saturn im wesentlichen aus solarer Materie.

Tabelle A.2: Planeten

Planet	Halbe große Achse der Bahn in astronom. Einheiten, AE	Siderische Umlaufszeit in Tagen	Siderische Umlaufszeit in trop. Jahren
Merkur	0,387 1	87,969	0,240 9
Venus	0,723 3	224,701	0,615 2
Erde	1,000 0	365,256	1,000 04
Mars	1,523 7	686,980	1,880 9
Jupiter	5,202 8	4 332,588	11,682 2
Saturn	9,538 8	10 759,11	29,457 7
Uranus	19,182 3	30 685,93	84,015 3
Neptun	30,057 1	60 187,64	164,789 3
Pluto	39,75	–	247,7

Planet	Exzentrizität	Neigung gegen die Ekliptik	Durchmesser in km äquatorial	Durchmesser in km polar	Masse in 10^{24} kg	Sider. Rotationszeit
Merkur	0,205 6	7° 0′ 11″	4 868		0,332	58,646 d
Venus	0,006 8	3° 23′ 37″	12 110		4,869	243 d
Erde	0,016 7	–	12 756	12 714	5,976	23 h 56 min 4 s
Mars	0,093 4	1° 51′ 1″	6 800	6 710	0,644	24 h 37 min 23 s
Jupiter	0,048 5	1° 18′ 31″	143 650	134 870	1 899,3	9 h 50 min 30 s
Saturn	0,055 6	2° 29′ 33″	120 670	109 110	568,4	10 h 14 min
Uranus	0,047 2	0° 46′ 21″	47 100		86,76	10 h 49 min
Neptun	0,008 6	1° 46′ 45″	44 600		102,9	15 h 40 min
Pluto	0,253 4	17° 10′	~ 6 400		0,66	6,39 d

A.2.3 Monde:

1. Von den 34 heute (1977) bekannten Monden bewegen sich 20, von Abweichungen unter 2,7° abgesehen, in der Äquatorebene ihres Planeten. Bei weiteren 6 liegt die Abweichung zwischen Mondbahnebene und Äquatorebene des Planeten zwischen 14,7° und 29°. Diese 26 Monde bewegen sich in der gleichen Richtung, in der der Planet rotiert. Auch der am 14.9.1974 entdeckte 13. Jupitermond bewegt sich rechtläufig.
2. Der Bahndrehimpuls der Monde ist, außer beim Erdmond, kleiner als der Eigendrehimpuls des Planeten. Der Drehimpuls der Erde ist $5{,}86 \cdot 10^{33}$ kg m^2 s^{-1}, der Bahndrehimpuls des Mondes $2{,}88 \cdot 10^{34}$ kg m^2 s^{-1}.

Tabelle A.3: Monde (in Auswahl)

Mond	Mittlerer Abstand vom Mittelpunkt des Planeten in 10^3 km	Siderische Umlaufszeit in Tagen	Durchmesser in km	Masse in 10^{22} kg
Erdmond	384,4	27,321 7	3 476	7,35
Mars				
Phobos	9,37	0,318 9	–	–
Deimos	23,52	1,262 4	–	–
Jupiter				
Jo	421,6	1,769	3 550	7,3*
Europa	670,9	3,551	3 100	4,75
Ganymed	1 070	7,155	5 600	15,4
Callisto	1 880	16,689	5 050	9,5
Jo	–	–	3 636 ± 60	8,9**
Europa	–	–	3 056 ± 50	4,9
Ganymed	–	–	5 400 ± 50	14,9
Callisto	–	–	4 820 ± 60	10,7
Saturn				
Mimas	186	0,942	650	0,004
Titan	1 222	15,945	4 950	13,7
Uranus				
Titania	438	8,706	1 000	0,4
Neptun				
Triton	354	5,877	4 000	14,0

* Nach Landolt-Börnstein, 1965
** Nach Daten der Jupitersonden Pioneer 10 u. 11, 1976

A.2.4 Kleinplaneten

Die größte Anzahl der Kleinplaneten, Planetoiden oder auch Asteroiden bewegt sich zwischen Mars und Jupiter um die Sonne. Ihre Bahnen sind im Mittel stärker gegen die Ekliptik geneigt als die Bahnen der Planeten. Doch ist eine Konzentration zur Ekliptik zu beobachten. Die Exzentrizitäten liegen im Mittel bei e = 0,15, sind zum Teil aber erheblich größer als die der Planetenbahnen. Hidalgo (e = 0,65) erreicht bei seinem Umlauf um die Sonne fast die Saturnbahn. Ikarus (e = 0,83) kommt der Sonne näher als Merkur. Es sind heute fast 5 000 Planetoiden bekannt. Bis 1968 war die Bahn von 1 746 Planetoiden berechnet. Die Gesamtzahl wird auf über 70 000 geschätzt.

Der erste Kleinplanet, Ceres, wurde in der Neujahrsnacht von 1801 von *Piazzi* entdeckt. Durch ihn (und weitere) wurde die seit Aufstellung der Titius-Bodeschen Reihe bekannte Lücke zwischen Mars und Jupiter geschlossen. Nur von wenigen sind Radius und Masse bekannt. Einige Werte finden sich in Tabelle A.4.

Tabelle A.4: Kleinplaneten

Name	Durchmesser km	Masse kg	Umlaufszeit in Jahren	Halbe große Achse in AE	Exzentrizität	Neigung
Ceres	770	$8{,}4 \cdot 10^{20}$	4,60	2,777	0,079	10,6°
Pallas	490	$2{,}2 \cdot 10^{20}$	4,61	2,767	0,235	34,8°
Juno	190	$0{,}13 \cdot 10^{20}$	4,36	2,670	0,256	13,0°
Vesta	380	$1{,}0 \cdot 10^{20}$	3,63	2,361	0,088	7,1°
Hebe	220	$0{,}2 \cdot 10^{20}$	3,78	2,426	0,203	14,8°
Hygiea	320	$0{,}6 \cdot 10^{20}$	5,69	3,151	0,099	3,8°
Eros	14	$5 \cdot 10^{15}$	1,76	1,458	0,223	10,8°
Icarus	1,4	$5 \cdot 10^{12}$	1,12	1,078	0,827	23,0°
Hidalgo	–	–	13,95	5,79	0,656	42,5°
Adonis	0,3	$5 \cdot 10^{10}$	2,76	1,969	0,779	1,5°

Die Massen sind nicht sehr sicher bekannt.

A.2.5 Kometen

Wenn man über die Entstehung des Planetensystems nachdenkt, darf man die Kometen nicht vergessen. Sie bestehen zu einem wesentlichen Teil aus der Urmaterie des So-Systems und können tiefen Einblick in den Zustand während der Bildung des Planetensystems geben. *Fred L. Whipple* hat sie als schmutzige Schneebälle bezeichnet. Ihr Kern von wenigen Kilometern Durchmesser besteht aus gefrorenen Gasen mit eingebetteten Staubteilchen und Körnern meist flockiger Struktur sowie Teilchen aus Nickeleisen. In So-Nähe bildet sich durch Verdampfen der Kopf des Kometen, der einen Durchmesser von 10^4 bis 10^5 km besitzt. Der Schweif entsteht dadurch, daß die im Kopf enthaltenen Gase im wesentlichen durch den So-Wind, die freigesetzten Staubteilchen durch den Strahlungsdruck von der Sonne fortgetrieben werden. Man unterscheidet Ionen- und Staubschweife. Typische Schweiflängen sind 10^6 bis 10^8 km.

Mit Hilfe von Satelliten wurde erstmals 1969 beobachtet, daß der Kopf eines Kometen in So-Nähe von einer viele Millionen km ausgedehnten Hülle aus atomarem Wasserstoff umgeben ist. Die gleiche Beobachtung wurde von dem die Erde umkreisenden Laboratorium Skylab aus an dem Kometen Kohoutek 1973 gemacht. Dadurch wird die Überzeugung gefestigt, daß die Kometen im wesentlichen aus Solarmaterie bestehen.

Das Spektrum des Kometenkopfes zeigt die Anwesenheit von CH, NH, OH, CN, C_2, NH_2, C_3, OH^+, CH^+ und neben Na gelegentlich auch Fe, Ni, Cr, Co, K, CaII.

Im Schweif sind vornehmlich N_2^+, CO^+, OH^+, CH^+, CO_2^+ und CN vorhanden.

Nach *Jan Oort* gibt es eine ausgedehnte Wolke aus $10^{11} \ldots 10^{12}$ Kometen, die weit jenseits des äußersten Planeten beginnt und sich bis zu etwa 100 000 AE hinaus erstreckt. Über den Entstehungsort der Kometen gehen die Meinungen auseinander. Oort selbst nimmt an, daß sie in Jupiterentfernung gebildet und infolge von Störungen durch Jupiter hinausgetrieben wurden.

Cameron dagegen nimmt an, daß sie dort entstanden, wo sie sich heute befinden. Benachbarte Sterne können die Bahn eines Kometen in der Oortschen Wolke gelegentlich so stören, daß er auf einer langgestreckten Bahn in den zentralen Bereich des So-Systems gelangt und, wenn er der Erde nahe genug kommt, beobachtet werden kann. Störungen – im wesentlichen durch die großen Planeten – können die Bahn eines aus großer Entfernung kommenden Kometen so ändern, daß er in relativ kurzer Zeit von einigen Jahren bis zu einigen 100 Jahren die Sonne umläuft. 55 Kometen mit Umlaufszeiten unter 200 Jahren hat man mehr als einmal beobachtet. In Tabelle A.5 sind interessante Bahnelemente einiger dieser Kometen aufgeführt.

Tabelle A.5: Kometen

Name	Umlaufszeit in Jahren	Periheldistanz in AE	Apheldistanz in AE	Numerische Exzentrizität	Neigung der Bahnebene
Encke	3,30	0,339	4,09	0,847	12,36°
Biela	6,62	0,861	6,19	0,756	12,55°
Schwassmann-Wachmann 1	16,10	5,538	7,21	0,131	9,49°
Olbers	65,57	1,179	32,65	0,930	44,61°
Halley	76,03	0,587	35,31	0,967	162,2°
Grigg-Mellish	164,32	0,923	59,08	0,969	109,8°

A.2.6 Die Zustandsgrößen der Sterne

Sterne sind riesige glühende Gaskugeln. Zu ihrer Beschreibung dienen die Zustandsgrößen. Dazu gehören: Masse, Radius, mittlere Dichte, Schwerebeschleunigung, Oberflächentemperatur, Leuchtkraft (Energieabgabe je Sekunde), Spektraltyp, Farbe, chemische Zusammensetzung, Rotation, Magnetfeld.

Zur Beschreibung von Veränderlichen oder Doppelsternen gehören weitere Angaben. Zwischen den Zustandsgrößen bestehen vielfache Beziehungen. Im folgenden ist der Spielraum der wichtigsten Zustandsgrößen angegeben. Die Endstadien, d.h. die weißen Zwerge, Neutronensterne oder schwarzen Löcher sind hier nicht berücksichtigt, ebensowenig wie Sonderfälle, obwohl gerade diese oft besonders interessant sind. Die Grenzen sind nicht scharf, doch kann die Übersicht zur Orientierung dienen.

Einige Zustandsgrößen werden zweckmäßig in Vielfachen der entsprechenden Größe der Sonne angegeben.

Tabelle A.6: Sterne

Masse	0,1 ... 100 $m_\odot$
Für die meisten Sterne gilt:	0,5 $m_\odot$ < m < 10 $m_\odot$
Halbmesser	0,5 ... 500 $R_\odot$
Mittlere Dichte	10^{-7} ... 3 g cm^{-3}
Schwerebeschleunigung	$6 \cdot 10^{-5}$ ... 2 $g_\odot$; $g_\odot$ = 274 m s^2
Leuchtkraft	$6 \cdot 10^{-2}$ ... $3 \cdot 10^5$ $L_\odot$
Oberflächentemperatur	2 500 ... 50 000 K
Rotationsgeschwindigkeit eines Punktes auf dem Äquator	2 ... 300 km s^{-1}
(größter gemessener Wert 560 km s^{-1})	

A.3 Lösungen der Aufgaben

1.2.2

1. 175,98 d, das sind 2 Merkurjahre
2. 117 d
3. Phobos: alle 11 h 6 min 22 s von West nach Ost,
   Deimos: alle 5 d 11 h 26 min 55 s von Ost nach West
4. Von Phobos aus erscheint der Äquatordurchmesser unter 42,6°, der Poldurchmesser unter 41,8°. Die entsprechenden Werte für Deimos sind 16,6° und 16,4°. Zum Vergleich: Die Erde erscheint vom Mond aus bei mittlerem Abstand unter 1,9°.
5. 1° 43′ 11″ bzw. 1° 8′ 4″. Zum Vergleich die Werte für die Erdbahn: 32′ 35,64″ bzw. 31′ 31,34″.
6. $8{,}228 \cdot 10^5$ km ≙ 1,18 Sonnenhalbmesser, Apheldistanz: 122,2 AE ≙ $1{,}83 \cdot 10^{10}$ km, Umlaufszeit: 477,6 a.

1.2.5

1. $\Delta T = \pm 1$ s; $\Delta m_\odot \approx \mp 1{,}26 \cdot 10^{23}$ kg ≈ 1,72 Mondmassen;
   $\Delta T = \pm 1$ Tag; $\Delta m_\odot \approx \mp 1{,}09 \cdot 10^{28}$ kg ≈ 1 822 Erdmassen.
2. Alle Umlaufszeiten würden sich um den Faktor $\sqrt{\frac{m_\odot}{m_{Si}}} \approx 0{,}67$ ändern.
3. Wenn a der mittlere Abstand ist und v die mittlere Geschwindigkeit, gilt
   $a \cdot v^2 = \text{const.} = G \cdot m_\odot = 1{,}33 \cdot 10^{20}\ m^3\ s^{-2}$.
4. $g = G \frac{m}{r^2}$;

Sonne: 274 m s^{-2};	Merkur: 3,74 m s^{-2};	Venus: 8,86 m s^{-2};
Mars: 3,72 m s^{-2};	Jupiter: 24,57 m s^{-2};	Saturn: 10,42 m s^{-2};
Uranus: 10,44 m s^{-2};	Neptun: 13,81 m s^{-2};	Pluto: 4,30 m s^{-2};
Mond: 1,62 m s^{-2};	weißer Zwerg: $3{,}27 \cdot 10^6$ m s^{-2};	Neutronenstern: $1{,}33 \cdot 10^{12}$ m s^{-2}.

   Bei stark abgeplatteten Planeten ist der Äquatorradius gewählt worden. Bei Planeten mit undurchsichtigen Wolkenhüllen soll unter der Oberfläche die äußere Wolkenhülle verstanden werden.

5. $v = \sqrt{G \cdot \frac{m}{r}}$.

Merkur: 3 017 m s^{-1}; Venus: 7 325 m s^{-1}; Erde: 7 912 m s^{-1};
Mars: 3 555 m s^{-1}; Jupiter: 42 007 m s^{-1}; Saturn: 25 073 m s^{-1};
Uranus: 15 679 m s^{-1}; Neptun: 17 548 m s^{-1}; Pluto: 3 710 m s^{-1};
Mond: 1 680 m s^{-1}; Sonne: $4{,}367 \cdot 10^5$ m s^{-1}; weißer Zwerg: $4{,}56 \cdot 10^6$ m s^{-1};
Neutronenstern: $1{,}15 \cdot 10^8$ m s^{-1}.

1.2.5

$F_P : F_A = 3 : 2$

2.2.1

1. Merkur: 47,9 km s^{-1}; Venus: 35,0 km s^{-1}; Erde: 29,8 km s^{-1};
   Mars: 24,1 km s^{-1}; Jupiter: 13,1 km s^{-1}; Saturn: 9,6 km s^{-1};
   Uranus: 6,8 km s^{-1}; Neptun: 5,4 km s^{-1}; Pluto: 4,7 km s^{-1}.
2. Sonne: 618 km s^{-1}; Merkur: 4,27 km s^{-1} Venus: 10,5 km s^{-1};
   Erde: 11,2 km s^{-1}; Mars: 5,04 km s^{-1}, 59,4 km s^{-1}; Saturn: 35,6 km s^{-1};
   Uranus: 22,2 km s^{-1}; Neptun: 24,8 km s^{-1}; Pluto: 5,2 km s^{-1};
   Mond: 2,37 km s^{-1}.
3. $T = 58{,}1 \cdot 10^6$ Jahre. Die Lage des Perihels spielt keine ausschlaggebende Rolle, wenn es innerhalb des Planetensystems liegt.

2.2.2

1. 1880 Millionen Jahre.
2. $2 \cdot 10^{15}$ kg s^{-1} = $6{,}3 \cdot 10^{22}$ kg a^{-1}; Mit der Änderung der Sonnenmasse ändert sich auch die Auftreffgeschwindigkeit der Meteoriten. Für astronomisch kurze Zeiten kann von dieser Veränderlichkeit abgesehen werden; siehe Aufgabe 1, S. 00: Der Ansatz ist der gleiche, man folgert jetzt

$$\Delta T = -\frac{\pi}{\sqrt{G}} \sqrt{\frac{r^3}{m_\odot^3}} \cdot \Delta m_\odot \approx -500 \text{ s in } 1000 \text{ a}$$

3. $\approx$ 5 590 a bzw. $\approx$ 23 680 a

2.2.3

1. Merkur: $0{,}09 \cdot 10^{40}$ kg m^2 s^{-1} Venus: $1{,}84 \cdot 10^{40}$ kg m^2 s^{-1} Erde: $2{,}66 \cdot 10^{40}$ kg m^2 s^{-1}
   Mars: $0{,}35 \cdot 10^{40}$ kg m^2 s^{-1} Saturn: $7{,}79 \cdot 10^{42}$ kg m^2 s^{-1} Uranus: $1{,}69 \cdot 10^{42}$ kg m^2 s^{-1}
   Neptun: $2{,}50 \cdot 10^{42}$ kg m^2 s^{-1} Pluto: $1{,}84 \cdot 10^{40}$ kg m^2 s^{-1}
2. $6{,}95 \cdot 10^{38}$ kg m^2 s^{-1}; hierbei sind für r und ω die für den Äquator geltenden Werte benutzt worden.
3. a) $2{,}89 \cdot 10^{34}$ kg m^2 s^{-1}, b) $1{,}80 \cdot 10^{36}$ kg m^2 s^{-1}

2.2.4

1. a) a = 0,647 3 AE, b) e = 0,169, c) v_P = 43,9 km s^{-1}, d) v_A = 31,2 km s^{-1}.
2. Aus $L = m_S v r$ und $\frac{m_S v^2}{r} = G \cdot \frac{m_S m_E}{r^2}$ folgt $L = (G m_S^2 m_E r)^{1/2}$.
3. Aus $\frac{2}{5} m r^2 \omega = 1{,}7 \cdot 10^{41}$ kg m^2 s^{-1} folgt $T \approx 0{,}003$ s. Der Neutronenstern im Kerbsnebel hat eine Rotationszeit von 0,033 s.

2.2.5

$\approx 3{,}5 \cdot 10^{32}$ kg m^2 s^{-1}; $\approx 2{,}89 \cdot 10^{34}$ kg m^2 s^{-1}; $\approx 2{,}87 \cdot 10^{34}$ kg m^2 s^{-1}.

3.2.1

1. Die Leistung, die die Erde empfängt ist

$$P_{E\odot} = \pi R_E^2 \cdot S = \pi\, 6{,}37^2 \cdot 10^{12} \cdot 1{,}36 \cdot 10^3\ \mathrm{W} = 1{,}73 \cdot 10^{17}\ \mathrm{W}$$

Es gilt

$$\frac{P_{E\odot}}{L_\odot} = \frac{\pi R_E^2 \cdot S}{4\pi a^2 \cdot S} = \left(\frac{R_E}{2a}\right)^2 = 4{,}53 \cdot 10^{-10}$$

oder

$$L_\odot = 2{,}2 \cdot 10^9\, P_{E\odot},$$

d.h., die Sonne strahlt $2{,}2 \cdot 10^9$ mal so viel Energie in einer bestimmten Zeit ab, wie die Erde in der gleichen Zeit empfängt.

2. 3 245 K
3. 7 626 ... 3 715 K

3.2.2

1. Beachten Sie die ungleichmäßige Verteilung der dunklen Gebiete, der Maria.
2. a) 492 000 : 1; b) $1{,}34 \cdot 10^{10}$: 1; c) $1{,}29 \cdot 10^{13}$: 1; d) $2{,}05 \cdot 10^{20}$: 1
3. $M_v = 4{,}79$; $M_{pg} = 5{,}41$
4. Sirius: $M_v = 1{,}41^m$; Wega: $M_v = 0{,}49^m$; Spica: $M_v = -3{,}1^m$; Mizar: $M_v = 0{,}05^m$.
5. Aus $m = M - 5 + 5 \lg(r)$ folgt a) $m_v = 1{,}92^m$, b) $m_v = 8{,}85^m$.

   $1{,}92^m$ ist etwa die scheinbare Helligkeit der hellsten Sterne des großen Bären. Ein Stern mit der scheinbaren Helligkeit $8{,}85^m$ ist mit bloßem Auge nicht zu sehen. Man braucht einen guten Feldstecher.

3.2.5

1. Da die Leuchtkraft nur von der effektiven Temperatur und dem Radius abhängt – $L = 4\pi R^2 \sigma T^4$ – müssen Sterne im Riesenast einen größeren Halbmesser besitzen; daher der Name „Riesen". Sterne der Hauptreihe werden gelegentlich auch als „Zwerge" bezeichnet.

$$\frac{L_1}{L_2} = \left(\frac{R_1}{R_2}\right)^2 \cdot \left(\frac{T_1}{T_2}\right)^4; \quad T_1 = T_2; \quad \text{a)}\ \frac{L_1}{L_2} = 10^2, \quad \frac{R_1}{R_2} = 10; \quad \text{b)}\ \frac{L_1}{L_2} = 10^4; \quad \frac{R_1}{R_2} = 10^2.$$

3. $\frac{L_*}{L_\odot}$: > 25 000; 25 000–4 000; 4 000–630; 630–100; 100–16; 16–2,5; 2,5–0,4; 0,4–0,06

5. Aus $m - m_1 = -2{,}5 \lg \frac{L_1 + L_2}{L_1} = -2{,}5 \lg\left(1 + \frac{L_2}{L_1}\right)$ und

   $m_2 - m_1 = \Delta m = -2{,}5 \lg \frac{L_2}{L_1}$ folgt $m = m_1 - 2{,}5 \lg(1 + 10^{-0{,}4 \cdot \Delta m})$

6. Man erhält für $m - M$ einen Mittelwert von etwa $5{,}9^m$. Daraus ergibt sich $r \approx 151$ pc.
7. Aus $m - M = 5 \lg 151 - 5$ und $m + \Delta m - M = 5 \lg 159 - 5$ folgt $\Delta m = 5\,(\lg 159 - \lg 151) = 0{,}11$ m.

3.2.6

1. 1,11 km s^{-1}; 1,10 km s^{-1}; 1,09 km s^{-1}
2. 618 km s^{-1}; 12 km s^{-1}, 6 km s^{-1}, 4,5 km s^{-1}, 4,2 km s^{-1}

4.1.2

$$\frac{\Delta\lambda}{\lambda_0} = \sqrt{\frac{1+\beta}{1-\beta}} - 1 = (1+\beta)(1-\beta^2)^{-1/2} - 1 = (1+\beta)\left(1 + \frac{1}{2}\beta^2 + \frac{3}{8}\beta^4 \ldots\right) - 1$$

$$= \beta + \frac{1}{2}\beta^2 + \frac{1}{2}\beta^3 + \frac{3}{8}\beta^4 + \frac{3}{8}\beta^5 + \ldots \approx \beta$$

4.2.1

Aus $\frac{3}{2}kT = eU$ folgt $T \approx 144\,500$ K

4.2.5

1. a) $\lambda < 91{,}2$ nm, b) $\lambda < 50{,}4$ nm, c) $\lambda < 22{,}8$ nm
2. Aus $\frac{1}{\lambda} = R_y\left(\frac{1}{m^2} - \frac{1}{n^2}\right)$ folgt mit $R_y = 1{,}096\,78 \cdot 10^7$ m, $m = 109$ und $n = 110$, $\lambda = 5{,}98$ cm.
3. $r_n = a_0 \cdot n^2$, wenn $a_0 = 5{,}293 \cdot 10^{-11}$ m der Bohrsche Radius ist. Es ergibt sich $r_{110} = 6{,}4 \cdot 10^{-4}$ mm.
4. Aus $\frac{1}{2}\overline{mv^2} = \frac{3}{2}kT$ folgt $\bar{v} = \sqrt{\frac{3kT}{m}}$;

   Da es sich um eine Abschätzung handelt, kann man ohne Bedenken davon absehen, daß in einem Emissionsnebel Atome bzw. Ionen mit verschiedenen Durchmessern und verschiedenen Massen und daher auch verschiedenen mittleren Geschwindigkeiten vorhanden sind. Es soll mit $m = 1{,}67 \cdot 10^{-27}$ kg und $d = 10^{-11}$ m gerechnet werden.

   a) $\bar{v} = 2{,}73 \cdot 10^3$ m s^{-1}, $\bar{\tau} = 8{,}2 \cdot 10^{-7}$ s $\approx 10^{-6}$ s;
   b) $\bar{v} = 1{,}57 \cdot 10^6$ m s^{-1}, $\bar{\tau} = 1{,}4 \cdot 10^5$ s $\approx 1{,}7$ d.

4.2.6

1. Die Amplitude ist um so größer, je größer die Entfernung der beobachteten Sterngruppe ist.

3, 1. $v_r = 262\,573$ km s^{-1}; 2. $v_r = 270\,530$ km s^{-1}.

4. a) 1. r = 3 500 Mpc = $11{,}4 \cdot 10^9$ LJ; 2. r = 3 600 Mpc = $11{,}8 \cdot 10^9$ LJ
   b) 1. r = 4 600 Mpc = $15 \cdot 10^9$ LJ; 2. r = 4 750 Mpc = $15{,}5 \cdot 10^9$ LJ
5. Sonne: H_α : $\Delta\lambda_D = 2{,}19 \cdot 10^{-2}$ nm; Na: $\Delta\lambda_D = 4{,}09 \cdot 10^{-3}$ nm,
   O5-Stern: H_α: $\Delta\lambda_D = 5{,}28 \cdot 10^{-2}$ nm; Na: $\Delta\lambda_D = 9{,}88 \cdot 10^{-3}$ nm.
6. Infolge der großen Zentrifugalkräfte verliert der Stern Materie, die ihn in Form eines breiten Rings umgibt. Aus diesem Ring stammen die Emissionslinien. Sie zeigen nicht die gleiche Verbreiterung wie die in der Sternatmosphäre entstandenen Absorptionslinien, weil die Hülle langsamer rotiert als der Stern – Erhaltung des Drehimpulses!
7. A-Ring: 16,5 km s^{-1}; B-Ring: 23,4 km s^{-1}; Äquator: 10,3 km s^{-1}.

5.2.1

Wenn Turbulenz vorhanden ist, muß die Masse, die zur Instabilität führt, größer als bei fehlender Turbulenz sein. Man kann der turbulenten Bewegung einen Druck zuordnen. Das macht sich in einer Erhöhung der Temperatur in Gl. (5.7) bemerkbar. Setzt man z. B. $T = 10^4$ K statt 10^2 K, so ergibt sich mit den im übrigen ungeänderten Werten des 1. Beispiels $m > 4{,}2 \cdot 10^7\, m_\odot$.

5.2.2

1. a) $3{,}64 \cdot 10^{38}$ Protonen/s; b) $4{,}34 \cdot 10^{6}$ t/s; c) $6{,}09 \cdot 10^{8}$ t/s; d) 0,7 %

2.

	a)	b)	c)
BOV	$1{,}82 \cdot 10^{43}$ Protonen/s	$2{,}17 \cdot 10^{11}$ t/s	$3{,}06 \cdot 10^{13}$ t/s
AOV	$1{,}46 \cdot 10^{40}$ Protonen/s	$1{,}74 \cdot 10^{8}$ t/s	$2{,}44 \cdot 10^{10}$ t/s
KOV	$1{,}46 \cdot 10^{38}$ Protonen/s	$1{,}74 \cdot 10^{6}$ t/s	$2{,}44 \cdot 10^{8}$ t/s
MOV	$2{,}18 \cdot 10^{37}$ Protonen/s	$2{,}60 \cdot 10^{5}$ t/s	$3{,}65 \cdot 10^{7}$ t/s

3. $4{,}34 \cdot 10^{6}$ t/s $\cdot\, 4{,}5 \cdot 10^{9} \cdot 3{,}156 \cdot 10^{7}$ s $= 6{,}16 \cdot 10^{23}$ t; 0,03 % = 0,3 ‰
4. $2{,}17 \cdot 10^{7}$ t/s $\cdot\, 10^{7} \cdot 3{,}156 \cdot 10^{7}$ s $= 6{,}85 \cdot 10^{25}$ t; 0,19 %
5. $8{,}74 \cdot 10^{9}$ a.
6. BOV-Stern: $3{,}15 \cdot 10^{7}$ a; MOV-Stern: $7{,}28 \cdot 10^{10}$ a
7. $2 \cdot 10^{30}\,\text{kg} \cdot \frac{5}{100} \cdot \frac{50}{100} = 5 \cdot 10^{28}$ kg; je Sekunde werden etwa $6 \cdot 10^{11}$ kg Protonen umgewandelt. Der Bruchteil ist $1{,}2 \cdot 10^{-17}$!

5.2.4

1. a) $4{,}8 \cdot 10^{14}\,\text{g cm}^{-3}$; b) $1{,}4 \cdot 10^{14}\,\text{g cm}^{-3}$; Werte der gleichen Größenordnung findet man bei den Dichten der Atomkerne
2. $5{,}9 \cdot 10^{11}\,\text{m s}^{-2}$
3. $\nu = \sqrt{\frac{Gm}{4\pi^2 R^3}}$; a) $\nu \approx 10^{-1}\,\text{s}^{-1}$; b) $\nu \approx 1{,}0 \cdot 10^{3}\,\text{s}^{-1}$
5. $\lambda = 434{,}06$ nm
6. Näherungswert: $\lambda = 481{,}6$ nm; $\lambda = 484{,}5$ nm exakter Wert.
7. a) $R_S \approx 1{,}5 \cdot 10^{-15}$ m, b) $T \approx 1{,}2 \cdot 10^{11}$ K, c) $t_L \approx 1{,}25 \cdot 10^{11}$ Jahre, d) $\lambda \approx 1{,}5 \cdot 10^{-5}$ nm.

Literaturverzeichnis

(Zur Orientierung: e einfach, m mittlerer Schwierigkeitsgrad, a anspruchsvoll, Übergänge e–m, m–a, e–a)

Alfvén, H.	„Kosmologie und Antimaterie“	e	Umschau-Verlag
Becker, F.	„Einführung in die Astronomie“	m–a	B I
Becker, F.	„Geschichte der Astronomie“	e	B I
Stumpf/Voigt	„Astronomie“	e	Fischer Lexikon
Giese, R. H.	„Erde, Mond und benachbarte Planeten“	m	B I
Herrmann, J.	„Astronomie, eine moderne Sternkunde“	e	Bertelsmann
Herrmann, J.	„dtv-Atlas zur Astronomie“	e	
Herrmann, J.	„Geburt und Tod im Weltall“	e	Kosmos
Hoyle, F.	„Astronomy and Cosmology A Modern Course“	e–M	Freeman and Comp.
Köhler, H. W.	„Der Mars“ Bericht über einen Nachbarplaneten	e–m	Vieweg
Lindner, K.	„Astronomie selbst erlebt“	e	Aulis Verlag
Meadows, A. J.	„Das Leben der Sterne“	e	Verlag Chemie
Motz/Duveen	„Essentials of Astronomy“	m	Columbia University Press
Müller, R.	„Astronomische Begriffe“	e	B I
Roth, G.	„Handbuch für Sternfreunde“	m	Springer
Sandner, W.	„Planeten, Geschwister der Erde“	e	Verlag Chemie
Sandner, W.	„Trabanten im Sonnensystem“	e	B I
Sautter, H.	„Astrophysik I und II	e–m	Fischer Verlag
Schaifers, K.	„Geschwister der Sonne“	e	Hoffmann u. Campe
Schaifers, K./Traving, G.	„Meyers Handbuch über das Weltall“	e–m	B I
Scheffler, H./Elsässer, H.	„Physik der Sterne und der Sonne“	a	B I
Sexl, R. u. H.	„Weiße Zwerge – schwarze Löcher“	m	Vieweg
Sticker, B.	„Bau und Bildung des Weltalls“	e	Herder
Struve, O.	„Astronomie“	e–m	de Gruyter
Unsöld, A.	„Der neue Kosmos“	m–a	Springer
Voigt, H. H.	„Abriß der Astronomie“	m–a	B I
Voit, F.	„Astronomie, Grundlagen und Praxis für die Schule“	e	Aulis Verlag
Weigert, A./Zimmerm Zimmermann, H.	„ABC Astronomie“	e–a	Dausien, Hanau
Zimmermann, O.	„Astronomische Aufgaben für den Physikunterricht“	m	B I
Zimmermann, O.	„Astronomisches Praktikum“	m	B I

Tabellenwerke

Allen, C. W.	„Astrophysical Quantities“	University Lond.
Herrmann, J.	„Tabellenbuch für Sternfreunde“	Kosmos

Sternkalender

Ahnert, P.	„Kalender für Sternfreunde“	Barth, Leipzig
Naef, R.	„Der Sternenhimmel“	Verlag Sauerländer, Aarau

Zeitschriften

„Astronomy“	Astro Media Corp. Milwaukee
„Die Sterne“	J. A. Barth, Leipzig
„Sterne und Weltraum“	Verlag Sterne und Weltraum, Dr. H. Vehrenberg, Düsseldorf
„Sky and Telescope“	Sky Publishing Corporation Cambridge, Mass.

Sachwortverzeichnis

Absolute Helligkeit 70 ff.
– – der Sonne 72
Absorption, wahre 85
Absorptionslinien des interstellaren Gases 105
Albedo 42, 80, 128
Apastron 128
Aphel 7, 23, 58, 128
Apogäum 7, 128
Apsidenlinie 128
–, Drehung der 7, 23
Äquivalentbreite 86
Astronomische Einheit, AE 15, 128
Atmosphäre des Erdmondes 84
– der großen Jupitermonde 84
– des Jupiter 84
– des Mars 84
– des Saturn, Uranus, Neptun 84
– des Titan 84
Atmosphären von Planeten und Monden 81 ff.

Balmerserie in Absorption 91
Balmersprung 76
Bethe-Weizsäcker-Zyklus 116 f.
Bezeichnung von Sternen 132
Bindungsenergie 111 f.
Bohrsche Frequenzbedingung 85
Breite von Spektrallinien, natürliche 85

Calciumlinie, ruhende 105
Cassinische Teilung 32, 37
CNO-Zyklus 116 f.
Coulombsches Potential 112

Dichte 42 ff.
Differenzkräfte 27
Doppelsternen, Masse von 38
Doppelsterne, spektroskopische 103
Doppelwelle in den Radialgeschwindigkeiten 102 f.
Dopplereffekt 86 ff., 101 ff.
Dopplerverbreiterung von Spektrallinien 107
3-α-Prozeß 119
Drehimpuls 48
Drehimpuls und 2. Keplergesetz 57 f.
Drehimpulse im Planetensystem 54 ff.
Drehimpuls und das System Erde-Mond 59 ff.
Drehmoment 48
Druckschwankung durch Gezeiten 31
Druckverbreiterung von Spektrallinien 107

Eigenbewegung 101
21-cm-Linie 100
Elongation 8, 12
Emissionsnebel 95
Endstadien der Sterne 120 ff.
Energie, potentielle im Gravitationsfeld 46 ff.
Energiezustände mit sehr hohen Quantenzahlen 97
Entartetes Elektronengas 122
Entfernungsmodul 70
Entgasung 82
Entweichgeschwindigkeit 50, 83
e-Prozeß 120
Ereignishorizont 124
Exzentrizität, numerische 16, 58

Fallbeschleunigung 24, 138
Farben-Helligkeits-Diagramm 76 f.
Farbindizes 71 ff.
Farbtemperatur 66
– der Sonne 66
Fluchtgeschwindigkeit 50
Flutkräfte, -berge 28 f.
Frei-frei-Übergänge 100
Frühlingspunkt 12, 128

Galaktische Koordinaten 102, 128
Galaxis 128
Gasgleichung 63
Geozentrische Länge 10 ff.
Gezeiten 24 ff.
Gezeitenhub 30
Gezeitenkraftwerk 30
Gezeitenreibung 60 f.
Gravimeter 30
Gravitationsenergie einer Gaskugel 51 ff.
Gravitationsfeld 24 ff.
Gravitationsgesetz 4, 16 ff.
Gravitationsinstabilität 113 f.

Halbwertsbreite 86
Harvard-Klassifikation 73
Hauptreihe 74
Heliozentrische Länge 10 ff.
Helligkeit, absolute 70 ff.
–, scheinbare 67 ff.
Helmholtz-Kelvinsche-Zeitskala 51 ff., 53
Herbstpunkt 128
Hertzsprung-Russel-Diagramm 73 ff.
Hubble-Konstante 106

Identifizierung von Spektrallinien 88
Instabilitätskriterium von Jeans 114
interstellar 129
Isophote Wellenlänge 72

Jahr, anomalistisches 129
–, Gregorianisches 129
–, Julianisches 129
–, siderisches 129
–, tropisches 129
Jeanssches Instabilitätskriterium 114
Jupiter, Masse des 20

Kepler-Gesetze 4
Kepler-Gesetz, Das dritte 14, 17, 38, 57, 62
Kernphotoeffekt 120
Kernprozesse in Sternen auf der Hauptreihe 115 ff.
– in Sternen außerhalb der Hauptreihe 118 ff.
Kinetische Gastheorie 63
Kleinplaneten 135
Kometen 51, 136 f.
Kometenbezeichnung 129
Konjunktion 8 f.
Konstellation 5, 8
Kontraktion der Sonne 51
Korona 129
kosmische Geschwindigkeit, Erste 24, 49, 138
– –, Zweite 50
Kreisbahngeschwindigkeit 49

Lebensdauer von schwarzen Löchern 126
Leuchtkraft der Sonne und der Sterne 64 ff.
– der Sterne 67
Leuchtkraftklassen 75
Linienspektren 85 ff.
Lotabweichung 31
Lunation 5, 8, 130

Marsbahn 10
Mars, Masse des 20
Masse der Erde 18 f.
– des Jupiters 20
– des Mars 20
– des Neptun 21
– Saturn 20
– der Sonne 18
– des Uranus 21
– der Milchstraße 41
– von Sternen 38
Masse-Leuchtkraft-Beziehung 79
Metastabile Zustände 86, 98

Meteore, Meteorite 51
Moleküle im interstellaren Raum 100
Monat, siderischer 5 ff,, 130
–, synodischer 5 ff., 130
–, tropischer 5 ff., 130
Monde, Daten über 135
Monochromatische Sonnenbilder 93 ff.

Natürliche Breite von Spektrallinien 85
Nebulium 98
Neptun, Entdeckung des 23
–, Masse des 21
Neutronensterne 24, 44, 59, 122 ff., 130
Nippflut 30
No-Hair-Theorem 126 f.
Novae 130
Numerische Exzentrizität 16, 58

Opposition 8 f.

Parabolische Geschwindigkeit 49
Parallaxe 39
Parsec 39, 130
Peculiarbewegung 102
Periastron 131
Perigäum 7, 131
Perihel 7, 13, 23, 58
Periheldrehung 23
Plancksches Strahlungsgesetz 63
Planeten, Daten über 133 ff.
Pluto, Entdeckung des 23
Potential, Coulombsches 112
Potentielle Energie im Gravitationsfeld 46 ff.
Profil von Spektrallinien 86
Proton-Proton-Kette 115 ff.
Protosonne 55, 57, 131
Protostern 115, 131
Pulsar 123, 132

Quadratur 8
Quasare 106, 131
Quasistellare Objekte 106

Radialgeschwindigkeit 87, 101
– von Sternsystemen 105 ff.
– und Rotation der Milchstraße 102
Raumgeschwindigkeit 101
rechtläufig 131
Restintensität 86
retrograd 14, 131
Riesenast 74
Ringe des Saturn 31 ff.
– des Uranus 37 f.

Rochesche Grenze 35
Röntgenstrahlung eines schwarzen Loches 125
Rotationsverbreiterung von Spektrallinien 107 f.
Rotationszeit, siderische 14
Rotverschiebung 105 f.
Ruhende Calciumlinie 105

Säkulare Verlängerung des Tages 29
Salpeter-Prozeß 119
Saroszyklus 8
Saturn, Masse des 20
Saturnringe 31 ff.
–, Struktur der 109 f.
–, Theorie der 33 ff.
Scheinbare Helligkeit 67 ff.
Schwarze Löcher 123 ff.
Schwarzschild Radius 124
Siderisches Jahr 9, 129
Siderischer Monat 8 f., 130
Siderische Umlaufszeit 8 f.
Solarkonstante 64, 80
Sonne, Daten über die 133
Sonnenflecke 65
Sonnenspektrum 88
Sonnentag 133
Sonnenwind 55, 131
Spektralanalyse, qualitative 87 ff.
–, quantitative 90 ff.
Spektralklasse und absolute Helligkeit 77
Spektraltypen 73
Spektroheliograph 93
Spektroskopische Doppelsterne 103
Spiralsysteme 128
Springflut 30
Stabilitätsbedingung (für die Existenz eines Mondes) 35
Standardentfernung 70
Stefan-Boltzmannsches Strahlungsgesetz 63
Sterne, Bezeichnung von Sternen 132
Sternhaufen 132
Sternspektren 88 ff.
Sterne, Zustandsgrößen der 137 f.
Störungen, periodische und säkulare 23
Störungsrechnung 21 ff.
Strahlung eines schwarzen Loches 126
Strahlungsgesetze 63 ff.
Strahlungstemperatur, theoretische 80
Streuung 85
Struktur der Milchstraße 108 ff.
– der Saturnringe 109 f.
Supernovae 121, 132
Synodischer Monat 5, 8
Synodische Umlaufszeit 8 f.

Temperatur der Sonne und der Sterne 64 ff.
–, effektive – der Sonne 64
–, Farbtemperatur der Sonne 66
–, effektive – von Sternen 66 f.
– von Planeten und Monden 80 ff.
– von schwarzen Löchern 126
Theoretische Strahlungstemperatur 80
Thermonukleare Reaktionen in Sternen auf der Hauptreihe 115 ff.
– – in Sternen außerhalb der Hauptreihe 119 f.
Trägheitsmoment 48
– der Erde 61
Treibhauseffekt 82
Tropischer Monat 5, 130
Tunneleffekt 113

Umlaufszeit, siderische 8 f.
–, synodische 8 f.
Unterzwerge 75
Uranus, Masse des 21
–, Ringe des 37 f.

Verbotene Linien 95, 98
Verweilzeit auf der Hauptreihe 117
Virialsatz 49 ff., 113
Visuelle Doppelsterne 40

Wahre Absorption 85
Weiße Zwerge 24, 45, 121 ff., 138
Weltalter 106
Wiensches Verschiebungsgesetz 63, 65

Zentralkräfte 49
Zustandsgrößen der Sterne 137 f.
Zustandsdiagramme 78